高含硫气田集输系统调试指南

张韶光 等　编著

中国石化出版社

图书在版编目(CIP)数据

高含硫气田集输系统调试指南/张韶光等编著.
—北京：中国石化出版社，2016.12
ISBN 978-7-5114-4018-1

Ⅰ.①高… Ⅱ.①张… Ⅲ.①高含硫原油—气田—集输系统—调试—指南 Ⅳ.①TE86-62

中国版本图书馆 CIP 数据核字(2016)第 309574 号

中国石化出版社出版发行
地址:北京市朝阳区吉市口路 9 号
邮编:100020 电话:(010)59964500
发行部电话:(010)59964526
http://www.sinopec-press.com
E-mail:press@sinopec.com
北京富泰印刷有限责任公司印刷
全国各地新华书店经销
*
787×1092 毫米 16 开本 13.75 印张 278 千字
2017 年 1 月第 1 版 2017 年 1 月第 1 次印刷
定价:58.00 元

编 委 会

主　　编：张韶光

副 主 编：青绍学　谭永生　孙天礼　黄元和

编　　委：梁中红　叶青松　曹　纯　庄　园

曾　欢　何　石　李　怡　陈　曦

徐岭灵　何　欢　张　艳　郭　威

曹廷义　何春艳　孙　千　王浩宇

姚承江　刘彦伶　任世林　王　琼

前　言

目前国内开采的高含硫气田都具有“三高一深二复杂”的特点，“三高”即地层压力高、地层温度高、硫化氢含量高；“一深”即气藏埋藏深；“二复杂”即地貌复杂、地层复杂。同时还具有“一散一多”的特点，“一散”即气井分布较分散；“一多”即周边沿线居民点多。随着罗家寨、普光及元坝等高含硫气田的成功开发，在国内开发的高含硫气田具有压力更高、井深更深、开发难度更大的发展趋势。

高含硫气田集输系统的成功调试是气田顺利投产的关键，本书借鉴国内各高含硫气田调试经验，以普光气田和元坝气田集输工程调试技术为基础，对高含硫气田的调试程序、重点及难点技术展开了全面阐述；分别从场站调试、阀室及管线调试、系统联动调试 3 个方面进行了详述，在此基础上，编制了《高含硫气田集输系统调试指南》，用来指导高含硫气田集输系统的调试工作，保障气田安全顺利投产。

《高含硫气田集输系统调试指南》是高含硫气田集输系统调试的技术积累，是广大高含硫气田职工和参建者集体智慧的结晶，可为新开发高酸气田集输系统调试工作提供指导、借鉴。

在本书编写过程中得到了普光气田和元坝气田各级单位和部门的大力支持，在此深表感谢。由于编者水平有限，书中不足之处，敬请读者批评指正。

目　　录

第一篇　场站调试

第二篇 集输管线调试

第三篇 辅助系统调试

绪 论

1 国内高含硫气田现状

我国属于含硫气藏资源丰富的国家，随着能源需求的日益增长，高含硫气田的开发已势在必行，目前世界上已发现超过400个具有商业价值的含硫化氢气田，主要分布在中国、加拿大、美国、法国、俄罗斯、伊朗等国家。我国高含 H_2S、CO_2 的高酸性天然气探明地质储量已超 $5000\times10^8m^3$，约占全国气藏总储量的1/4，尤其是川东地区罗家寨气田、普光气田、渡口河气田、铁山坡气田、元坝气田等大型高含硫气藏的发现，为国家“西气东输工程”提供了重要的气源保证。目前国内开采较为成熟的高含硫气田主要有普光气田和元坝气田，两者都具有“三高一深二复杂”的特点，同时还具有“一散一多”的特点。作为高含硫气田之一的普光气田，地面集输系统采用全湿气加热保温混输工艺，而元坝气田地面集输系统选用了“改良的加热保温混输工艺”。两个气田都采用了“抗硫管材+缓蚀剂+阴极保护+智能清管”联合防腐工艺；“数据采集和监控+紧急切断+隧道内激光泄漏检测”控制措施；“截断阀室+应急预案+紧急疏散广播+应急火炬系统”安全技术；“光纤传输通信+5.8G无线备用通信”数据传输与应急通信技术；“集中分离+低压处理+高压回注地层”气田生产污水处理技术。

2 项目开展的必要性与意义

《高含硫气田集输系统调试指南》立足于普光、元坝等高含硫气田场站调试的技术力量和摸索出的经验，在符合相关安全条件的情况下，主要从场站调试、集输管线调试及辅助系统调试等调试方法进行详述；归纳了一套适用于高含硫气田调试行之有效的方法，可用于指导高含硫气田调试，尽量避免在调试过程中出现疏漏，为高含硫气田调试和顺利投产发挥重要的作用，为气田实现安全顺利投产提供强有力的技术保障。

第一篇
场站调试

本篇将场站调试划分为酸气场站、集气总站、污水站及回注站四种不同的类型，并从调试前准备、设备单体调试、氮气联调及酸气联调四个部分进行详述，归纳了一套适用于高含硫气田场站调试行之有效的方法。

1 调试前准备

1.1 现场准备

1.1.1 施工方应具备的条件

(1)工艺管道、设备安装完成。

(2)探伤、渗透等相关检测完成，无缺陷和隐患。

(3)工艺管道、设备水压试验完成，记录齐全。

(4)过程控制系统、安全仪表系统、腐蚀检测系统等控制机柜、工业以太网、光传输、PA/GA 等通信系统机柜均由 UPS 供电，其中具有双回路供电的设备要实现两路分开供电，确保供电电压为 220 ± 10VAC，电力系统平稳运行。

(5)过程控制系统、安全仪表系统、腐蚀检测系统等控制机柜、工业以太网、光传输、PA/GA 等通信系统机柜保护接地及工作接地完成。

(6)通信、自控、仪表设备安装完成，相关线路敷设完成。

(7)现场自控、仪表设备至接线箱、接线箱至 SCADA 机柜端子查线完成，线路正确整齐有序，线缆两端标号清晰完整。

(8)施工方相关专业人员到位，解决中交前检查出的各项问题。

1.1.2 供货商应具备的条件

(1)检查所属通信、自控、仪表、设备安装完成，保证接线正确。

(2)设备供货商、厂家到位，配合业主、施工方进行所属仪表和设备的调试工作。

1.2 方案记录准备

整个单体调试过程中需要准备“××场站单体调试方案”(见第 2 章)、“××场站单体调试过程记录表”(见表 2-1)、“××场站单体调试问题整改记录表”(见表 2-2)、“××站燃气及仪表风系统吹扫阀门状态确认表”(见表 2-3)、“××站燃料气管线氮气吹扫结果记录表”(见表 2-5)等。

氮气联调过程中需要准备“××场站氮气联调方案”(见第 3 章)、“××场站氮气联调过程记录表”(见表 3-1)、“××场站氮气联调问题整改记录表”(见表3-2)、“××场站氮气联调阀门状态确认表”(见表3-3)、“××场站氮气置换检测结果记录表”

(见表3-4)、"××场站仪器仪表逻辑联锁测试记录表"(见表3-5)、"××场站逻辑关断测试表"(见表3-6)等。

酸气联调过程中需要准备"××场站酸调方案"(见第一篇第4章)、"××场站酸调过程记录表"(见表4-4)、"××场站酸调问题整改记录表"(见表4-5)、"××场站酸调阀门状态确认表"(见表4-6)、"××场站酸调关断测试表"(见表4-7、表4-8)等。

1.3 机具准备

调试过程中需要准备组合扳手、仪表工具、公制内六角、英制内六角、万用表、摇表、信号发生器、手操器、H_2S标气、CH_4标气、烟雾模拟气、火焰模拟器、对讲机、笔记本电脑、抹布、橇棍、加力杆、润滑脂、塑料膜、大锤、砂纸(重型阀门需要吊车或龙门吊、葫芦、吊带、脚手架)等公用具。

1.4 人员准备

成立调试组织机构，全面负责单体调试工作。组织机构包括指挥组、技术组、调试组、HSE组、物资保障组、综合后勤组6个工作组。

1.4.1 指挥组

(1)负责场站调试的总体指挥、组织和协调，发布单体调试指令。

(2)统筹安排场站调试工作计划、工作目标、主要时间节点，监督施工质量。

(3)审批场站调试方案。

(4)负责与地方相关部门的沟通协调，确保良好的外部环境。

(5)负责组织与协调场站调试的参与单位。

(6)监督场站调试施工HSE相关工作开展情况。

(7)负责组织审批场站调试HSE相关方案。

(8)负责场站调试期间现场应急指挥HSE职责的监督落实。

1.4.2 技术组

(1)负责编写、制订场站调试方案，统一调度、协调安排所有参与单位的工作。

(2)负责联调信息的收集和整理上报。

(3)负责联络施工单位、设备供应商、系统集成商对调试过程中发现的问题进行整改。

(4)参与调试过程中发生的紧急、重大事件处理，合理调配各类资源。

(5)负责应急状态下的生产调度，按照相关预案及时通知相关职能部门、直属单位，向上级或地方部门报告或求援。

1.4.3 调试组

(1)负责调试过程中的相关指挥、协调、安排，完成调试参数的现场记录和汇总上报。

(2)负责调试的现场实施，监督调试参数是否满足调试技术要求，做好各施工阶段现场数据的收集整理、汇总上报。

(3)协助做好电力、通信、自控等状态确认和调试参数核查等工作。

(4)负责场站整个调试过程中工艺设备运行参数、仪表运行情况的现场检查，以及自控、通信部分调试的情况汇总。

(5)负责协调处理调试过程中出现的问题，对于疑难问题及时上报。

(6)负责组织和指挥调试过程中发生的紧急、重大事件处理。

(7)负责场站调试过程中的安全保障工作。

1.4.4 HSE组

(1)负责调试的风险识别和应对措施准备。

(2)针对可能出现的紧急情况，向调试组提出安全防范措施。

(3)负责组织开展应急演练工作。

(4)参与紧急情况下的安全处置、调查和处置等相关工作。

(5)负责调试过程中的安全保障工作，并对其进行监督和检查。

1.4.5 物资保障组

(1)负责调试所需备品、备件的准备。

(2)负责调试过程中所需物质的协调。

(3)负责组织调试过程中设备故障的原因分析与处理工作。

1.4.6 综合后勤组

(1)负责调试生活物资保障及生活物资管理工作。

(2)负责调试过程中的生活后勤、地方协调、工农关系以及宣传等工作。

2 酸气场站设备单体调试

2.1 概述

设备单体调试主要是按照“××场站单体调试方案”，对电力系统、常规远传仪表、火气仪表、燃气及仪表风系统、自动控制系统、通信系统六大系统，以及阀门、机泵、加热炉、火炬、井口装置等单体设备进行调试。调试过程记录填入表2-1，问题整改记录填入表2-2。

表2-1 ××场站单体调试过程记录表

调试项目：	记录人：	时　间：
(1)调试内容： (2)调试过程描述： (3)调试中存在的问题及现场处理情况：		

表 2-2　××场站单体调试问题整改记录表

序号	发现时间	区域	问题描述	整改措施	整改时间	整改人	确认人	备注
1		站外遗留设备	井站大门外遗留空压机(2台)未清场	通知责任单位，清除遗留设备				
2		火炬分液罐	火炬分液罐排液管线保温层损坏	修补损坏的保温层				
3			火炬分液罐温度变送器有误，液变与现场液位计不符，压变未做零点标定	核对温变工况，对损坏的仪表进行维修或更换				
4		水套炉	三级节流后压力表显示不稳定	核对后端压力波动原因				
5			水套炉燃料气井口压力表超量程	更换适合量程的压力表				

2.2　电力系统调试

2.2.1　调试前检查

(1)配电室检查：检查高压进线柜、变压器柜、低压配出柜是否到位，各盘柜是否接线完成，接线情况是否良好、配电室汇流排是否安装，电缆沟是否干净，是否盖板，配电室照明是否安装完成，配电室是否干净整洁，不能堆放杂物，检查馈出柜底部是否封堵。

(2)UPS 室检查：检查 UPS 主机、电池柜、配出柜是否安装到位；接线是否完成，配出柜是否封堵，电缆是否挂牌，表示是否正确，UPS 室照明是否安装到位。

(3)机柜间检查：检查机柜间照明是否安装到位，墙上配电箱安装是否完成，配电箱线路是否挂牌，机柜电缆是否放到位。

(4)发电机检查：检查发电机是否安装到位。接线是否完成，发电机机棚照明是否安装，机棚及发电机机体是否接地，燃气管线是否与发电机连接，发电机控制箱内是否接线完成。

(5)水塔检查：水塔电机是否安装到位，接线是否完成，是否接地，电机有无遮雨棚。

(6)现场配电箱检查：检查现场配电箱是否安装、接线、接地、封堵。

(7)各橇块检查：各橇块是否安装到位，橇块控制箱接线是否完成，橇块接地是否连接、规范。有电机的橇块电机是否接地，带点仪表是否接地。

(8)火炬区检查：检查火炬区配电箱是否安装、接线，火炬控制箱是否安装、是否接地规范。

(9)检查站场电动大门是否安装，是否做好接地，站内LED路灯、高架灯是否连接接地扁铁，接地扁铁连接是否规范。

(10)检查管廊灯是否安装完成，接线是否完成，灯头、灯杆、接线盒是否安装接地线、接地是否规范。

2.2.2 调试步骤

(1)线路核对：核对配电室、UPS室、机柜间内各配电柜、配出柜、配电箱内电缆是否与标示牌相同，如有不同的则要求施工方整改；核对现场配电箱到各橇块电缆是否与标识牌相同，如有不同的地方及时向施工方提出并要求其整改。

(2)线路绝缘摇测：摇测各条电缆的绝缘状况，对发现绝缘不合格的电缆应及时向施工方提出，检查原因，若真为电缆自身问题则要求更换新的电缆。

(3)各橇块电机单体调试：确认电机是否有异响、电流是否过大、各元件和指示灯是否正常。

(4)发电机调试：(调试发电机至发电机能正常使用)发电机的进出线、控制线、信号线、机油、空滤、冷却水、蓄电池都能正常使用。

(5)现场配电箱调试：现场配电箱能够为橇块正常供电、配电箱各元件、指示灯都正常。

(6)调试直流屏、电容柜至能正常工作状态，直流屏指示、蓄电池都正常，电容柜能在功率因数低时正常补偿。

2.3 常规远传仪表调试

场站常规远传仪表主要包括压力变送器、温度变送器、流量变送器、液位变送器等，用以实时检测场站主流程及辅助流程的压力、温度、流量、液位等，以满足生产工艺监测、控制和管理的需要。

2.3.1 压力变送器调试

本节调试的压力变送器主要是指各工艺管线和容器上安装的压力检测远传仪表，包括井口压力、分离器罐体压力、二级节流后压力、三级节流后压力、燃料气总管压力、燃料气调压阀后压力、酸液缓冲罐罐体压力、火炬分液罐体压力、出站压力、进站压力等。

1)压力变送器信号特性

(1)接线形式：两线制；

(2)供电电压：24VDC；

(3)信号特性：4～20mA、AI。

2)调试步骤

(1)检查压力变送器单体是否校验、是否有检定的合格证书。

(2)检查压力变送器接线回路是否正确。

(3)送电观察5min以上，确认压力变送器已处于正常运行状态。

(4)将信号发生器用正确的方式接入压力变送器，采用五点(4mA、8mA、12mA、16mA、20mA)校验法进行上行和下行测试，并与上位机监控界面上数据进行对比，确保数据正确无误。若不一致，需检查现场压力变送器与PCS或SIS下位组态量程设置是否正确。

(5)断开信号发生器，恢复接线回路并投用，调试完成。

注意：先将信号发生器拨到正确的挡位，然后再进行连线，切忌连线后再换挡位。

2.3.2 温度变送器调试

本节调试的温度变送器主要是指各工艺管线和容器上安装的温度检测远传仪表，包括井口温度、分离器罐体温度、二级节流后温度、三级节流后温度、外输管线温度、进站管线温度、火炬分液罐温度、进站温度等。

1)温度变送器信号特性

(1)接线形式：两线制；

(2)供电电压：24VDC；

(3)信号特性：4～20mA、AI。

2)调试步骤

(1)检查温度变送器单体是否校验、是否有检定的合格证书。

(2)检查温度变送器接线回路是否正确。

(3)送电观察5min以上，确认温度变送器已处于正常运行状态。

(4)将信号发生器用正确的方式接入温度变送器，采用五点(4mA、8mA、12mA、16mA、20mA)校验法进行上行和下行测试，并与上位机监控界面上显示数据进行对比，确保数据正确无误。若不一致，需检查现场温度变送器与PCS或SIS下位组态量程设置是否正确。

(5)断开信号发生器，恢复接线回路并投用，调试完成。

注意：先将信号发生器拨到正确的挡位，然后再进行连线，切忌连线后再换挡位；火炬分液罐温度变送器橇块内部自供电源，所以在调试火炬分液罐温度变送器时必须确保PCS机柜没有提供24VDC供电电压。

2.3.3 流量变送器调试

本节调试的流量变送器主要用于场站气体或者液体的流量测量和传输，包括火炬吹扫气流量(热式质量流量计)、分离器及酸液缓冲罐出口流量(电磁流量计)、燃料气分离器气相流量(漩进漩涡流量计)、甲醇注入泵出口流量(涡轮流量计)、缓蚀剂注入泵出口流量(质量流量计)、酸气流量(超声波流量计)等。

1)信号特性

(1)接线形式：四线制或两线制；

(2)供电电压：24VDC；

(3)信号特性：RS485 信号或 4 ~ 20mA 信号。使用 RS485 信号还包括加热炉 RS485 数据通信、分离器液相流量、井口控制柜 RS485 数据通信。

2)对于 RS485 信号调试步骤

(1)用网线将上位机连接至串口服务器。

(2)读取串口服务器数据，对串口服务器进行通信设置。

(3)在上位机的 Modbus 通信设置界面将现场流量计的通信地址、波特率、奇偶校验码等参数设置好。

(4)将现场流量计 RS485 信号引入站控室内接至相对应的通道，建立通信。

(5)将上位机界面上 RS485 数据与现场仪表显示数据进行对比，确认无误后调试完成。

3)对于 4 ~ 20mA 信号调试步骤(与压力和温度变送器类似)

(1)在 SCADA 界面上确认流量变送器量程是否正确。

(2)为了防止短路，用万用表在站控室 PCS 机柜接线端子上测试流量变送器电阻，确保正确的电阻值。

(3)现场拆开流量变送器，检查变送器内部电源线/信号线接线正确。

(4)在站控室 PCS 机柜上连接流量变送器电源线/信号线，并上电。

(5)将现场显示数据与上位机监控界面上显示数据进行对比。

(6)现场断开流量变送器信号线负极，将信号发生器打到电流发生挡，然后将信号发生器连接至信号线的正负极，分别发出 4mA、8mA、12mA、16mA、20mA 进行测试，并与上位机监控界面上数据进行对比，确保数据正确无误。

(7)断开信号发生器，连接流量变送器信号线，拧紧表盖，调试完成。

注意：先将信号发生器拨到正确的挡位，然后再进行连线，切忌连线后再换挡位。

2.3.4 液位变送器调试

本节调试的液位变送器主要用于容器的液位测量和传输，容器包括分酸分离器、甲醇罐、缓蚀剂罐、火炬分液罐、酸液缓冲罐等橇块的双法兰液位变送器，生产分离器的的双法兰液位变送器和浮子液位变送器，站控室水箱液位的单法兰液位变送器等。

1)液位变送器信号特性

(1)接线形式：两线制；

(2)供电电压：24VDC；

(3)信号特性：4 ~ 20mA、AI。

2）双法兰液位变送器零位迁移

（1）在站控室 PCS 机柜和 SIS 机柜上将液位变送器上电。

（2）确认液位计处于零位。

（3）将 HART 手操器连接至液位变送器。

（4）HART 手操器开机，点击“Configure HART Application”进入。

（5）记录 PV 值，点击“LRV”进入，输入刚才记录的 PV 值，点击“Send”。

（6）点击“后退”按钮，回到前一界面。

（7）打开液位计下部阀门，使液位计液位处于最高量程。

（8）记录此时的 PV 值，点击“URV”进入，输入刚才记录的 PV 值，点击“Send”，点击“退出”按钮，零位迁移完成。

3）调试步骤

（1）在上位机界面上确认液位变送器量程是否正确。

（2）为了防止短路，用万用表在站控室 PCS 机柜接线端子上测试液位变送器电阻，确保正确的电阻值。

（3）现场拆开液位变送器，检查变送器内部接线是否正确。

（4）在站控室 PCS 机柜接线端子上连接液位变送器电源线（信号线），并上电。

（5）将现场显示数据与上位机监控界面上数据进行对比。

（6）断开液位变送器电源负极，将信号发生器打到电流发生挡，然后将信号发生器连接至液位变送器信号线的正负极，分别发出 4mA、8mA、12mA、16mA、20mA 进行测试，并与上位机监控界面上数据进行对比，确保数据正确无误。

（7）断开信号发生器，连接液位变送器信号线负极，拧紧表盖，调试完成。

注意：先将信号发生器拨到正确的挡位，然后再进行连线，切忌连线后再换挡位。

2.4 火气仪表调试

场站火气设备主要包括声报警器、防爆状态指示灯、有毒气体探测器、可燃气体探测器、火焰探测器、感烟探测器、感温电缆、防爆手动报警按钮 8 种设备，用以检测场站酸气泄漏、火灾等危险事故，并联锁报警实施紧急关断以保障生产工艺与生命财产安全。

2.4.1 声报警器调试

1）声报警器接线说明

当场站发生紧级关断、火灾、气体泄漏时，场站声报警器分别发出 3 种相应声响；当站控室感烟探测器检测到烟雾时，站控室声/光报警器只需要发出 1 种声响，即场站声报警器需要有 3 对信号线、站控室声报警器只需 1 对信号线。

2）声报警器信号特性

（1）接线形式：场站声报警器电源线 1 对，信号正极 3 根，信号公共负极 1 根，站控室声报警器电源线 1 对，信号线 1 对。

(2)供电电压：24VDC。

(3)信号特性：无源触点、DO。

3)调试步骤

(1)在 SIS 机柜，连接声报警器电源线并供电，然后连接信号线。

(2)触发站控室 ESD 手操台(紧急关断按钮操作台)或上位机上的紧级关断按钮，查看场站声报警器是否正常报警；取消关断触发信号并复位，查看场站声报警器是否恢复正常。

(3)触发上位机上火焰报警，查看场站声报警器是否正常报警；取消火焰触发信号并复位，查看场站声报警器是否恢复正常。

(4)触发上位机上气体泄漏报警，查看场站声报警器是否正常报警；取消火焰触发信号并复位，查看场站声报警器是否恢复正常。

(5)通过 SCADA 系统给站控室声报警器“1”信号，查看站控室声报警器是否正常报警；通过 SCADA 系统给站控室声报警器“0”信号，声报警器恢复正常，则声报警器调试完成。

4)常见故障排除

触发相应紧级关断、火焰报警、气体泄漏报警后，声报警器无法正常报警，则需要在 SIS 机柜上检查声报警器供电电压，如果供电电压不正常，则需要对信号线路进行检查：拆开声报警器，在声报警器信号线至接线箱、接线箱至机柜端子之间，使用万用表进行信号线路的通断测试，直至故障排除。

若测试后线路不存在故障，则要检查声报警本身性能问题。如果声报警器损坏，则要联系供货商或物资保障部门安排人员进行维修或更换。

2.4.2 防爆状态指示灯调试

1)防爆状态指示灯信号特性

(1)接线形式：正极 4 根，公共负极 1 根；

(2)供电电压：24VDC(48VDC)；

(3)信号特性：有源触点、DO。

2)调试步骤

(1)SIS 机柜上给防爆状态灯接线并上电。

(2)查看现场绿灯是否长亮。

(3)在 SCADA 系统上给蓝灯“1”信号，查看场站是否只有蓝灯长亮，上位机火气界面上状态灯颜色变为蓝色。

(4)在 SCADA 系统上给蓝灯“0”信号，场站蓝灯熄灭，并给红灯“1”信号，查看场站是否只有红灯长亮，上位机火气界面上状态灯颜色变为红色。

(5)在 SCADA 系统上给红灯“0”信号，场站红灯熄灭，并给黄灯“1”信号，查看场站是否只有黄灯长亮，上位机火气界面上状态灯颜色变为黄色。

(6)在 SCADA 系统上给黄灯“0”信号，场站黄灯熄灭，查看场站是否只有绿灯长亮，上位机火气界面上状态灯变为绿色。

(7)以上步骤场站状态指示灯均指示正常，调试成功。

3)常见故障排除

如果上位机发出相应信号后现场状态灯不亮，需要在 SIS 机柜至接线箱、接线箱至状态指示灯之间进行线路检查，排除线路故障；查看电源正负极是否接反，电源正负极接反会造成浪涌保护器烧坏等事故；查看状态灯及灯座是否损坏等，直至故障排除。

实际常见故障为防爆状态指示灯 24VDC(48VDC)电源线与信号线接反，则需要将电源线与信号线重新进行调整，再次进行调试。

因此，在防爆状态指示灯的调试中最好先进行信号调试，调试成功后再在机柜内对防爆状态指示上电，防止电源线与信号线接反而造成设备的损坏。

2.4.3 有毒气体探测器调试

1)有毒气体探测器信号特性

(1)接线形式：三线制；

(2)供电电压：24VDC；

(3)信号特性：4～20mA、AI；

(4)高高报警值：20ppm；

(5)高报警值：10ppm。

2)调试步骤

(1)调校：①在站控室 SIS 机柜上给有毒气体探测器上电，并连接信号线，等待 2h；②现场用调试专用工具进入设置中的零位调校模式，然后点击“E”(Enter)进入校零操作；③选择零值(默认零值浓度为大气浓度)，点击“E”确定；④选择量程 25ppm，点击“E”确定；⑤通入硫化氢标气，待稳定后，点击“E”确定，调校完成。

(2)通气测试：①拆下有毒气体探测器防雨帽，拧上接头，插上通气软管；②拧开 H_2S 标气瓶开关，开始通气；③通气直至变送器显示 10ppm 时，上位机火气界面上有毒气体探测器显示黄色，至 25ppm 时，探测器显示红色，上位机界面上显示数据与就地显示一致(一般默认误差 1ppm)，场站状态指示灯黄灯闪烁，调试成功。

(3)拔下软管，拧下接头，拧上防雨帽。

3)常见故障排除

通入标气稳定后，有毒气体探测器显示小于 10ppm，则需要首先按照调校操作步骤逐步选择量程 10ppm、15ppm、20ppm、25ppm 进行调校，然后重新进行通气测试。

硫化氢探测器在出现故障后，一般在表头都有报警信息，例如 SMC－5100－IT 的硫化氢探测器上电后显示 cal-180 等数据，则首先需要在站控室断开有毒气体探测器电源，然后打开有毒气体探测器，将浪涌保护器接线与仪表电源信号线重新进行接线，最后再进行通气测试。

2.4.4 可燃气体探测器调试

1）可燃气体探测器信号特性

（1）接线形式：三线制；

（2）供电电压：24VDC；

（3）信号特性：4～20mA、AI；

（4）高高报警值：50% LEL；

（5）高报警值：25% LEL。

2）调试步骤

（1）在站控室 SIS 机柜上给可燃气体探测器上电，并连接信号线。

（2）拧上接头，插上通气软管，开始通气。

（3）待气源稳定后，探测器显示 50% LEL，上位机火气界面上显示 50% LEL（一般默认误差小于 2% LEL），现场状态指示灯黄灯闪烁，调试成功；通气过程中界面上探测器显示 25% LEL 时，探测器显示黄色，探测器显示 50% LEL 时显示红色。

（4）拆下软管，调试完成。

注意：此处用 50% LEL 标准气体。

3）常见故障排除

在现场没有可燃气体的情况下，探测器不显示零值，则需要用校准器对探测器进行清零操作，用校准器对准探测器按“Zero”键即可实现清零操作。

通入标准气体稳定后探测器显示小于 50% LEL，此时则需要用校准器对探测器进行调校。例如 MSA 的可燃气体探测器调试步骤如下：

（1）长按“Span”键，直至探测器显示 Cal1=Y。

（2）按“1”键进入程序。

（3）选择零值，默认零值浓度为大气浓度，确定。

（4）通入标准气体，待稳定后确定，调校完成。

（5）重新通气进行调试。

2.4.5 火焰探测器调试

1）火焰探测器信号特性

（1）接线形式：四线制；

（2）供电电压：24VDC；

（3）信号特性：4～20mA、AI。

2）SIS 机柜线路调整

火焰探测器接线形式为四线制，即一对电源线和一对信号线，有时根据现场的需要也可将四线制接线调整为三线制接线。

3）调试步骤

（1）在站控室 SIS 机柜上给火焰探测器上电，并连接信号线。

（2）用火焰模拟器对准火焰探测器，用手长按红色按钮触发模拟火焰，数秒后火焰探测器显示红色，场站状态指示灯红灯闪烁，声报警器报警，站控室界面上火焰探测器、状态指示的灯、声报警器均显示红色，调试成功。

2.4.6 感烟探测器调试

1）感烟探测器信号特性

（1）接线形式：两线制；

（2）供电电压：24VDC；

（3）信号特性：4～20mA、AI。

2）调试步骤

（1）在站控室 SIS 机柜上给感烟探测器上电。

（2）用烟雾模拟气对准感烟探测器进行喷射。

（3）上位机人机界面上感烟探测器显示红色，站控室声/光报警器报警，调试成功。

2.4.7 感温电缆调试

1）感温电缆信号特性

（1）接线形式：两线制；

（2）供电电压：24VDC；

（3）信号特性：4～20mA、AI。

2）调试步骤

（1）在站控室 SIS 机柜上给感温电缆上电。

（2）将加热设备置于感温电缆下方，给感温电缆加热。

（3）当感温电缆达到报警值时，站控室声/光报警器报警，上位机火气界面上感温电缆变为红色，调试成功。

2.4.8 防爆手动报警按钮调试

1）防爆手动报警按钮信号特性

（1）接线形式：四线制；

（2）供电电压：24VDC；

（3）信号特性：无源触点、DI。

2）调试步骤

（1）在站控室 SIS 机柜上给防爆手动报警按钮上电，并连接信号线。

(2)现场按下防爆手动报警按钮，场站声报警器响亮、状态灯红色闪烁，上位机火气界面上防爆手动报警按钮、声报警器报警、状态灯均显示红色，调试成功。

3)常见故障排除

由于手动报警按钮信号为无源触点，信号线正负极不存在电压，当按下手动报警按钮现场状态指示灯红色不闪烁、声报警器不报警时，则需要检查信号线。

用导线将 SIS 机柜上将信号线正负极连接(相当于现场按下手动报警按钮)，如果场站状态指示灯红灯闪烁、声报警器报警，则说明 SIS 接线端子至防爆手动报警按钮之间存在接线故障。

2.5 通信系统调试

2.5.1 机房环境

(1)机房必须采用精密恒温、恒湿空调系统，保证通风、恒温、恒湿。①机房温度：22℃ ±5℃；②相对湿度：55% ±10%；③静态条件下，空气中直径大于 0.5μm 的尘粒数少于 18000 粒/L。

(2)灰尘的浓度≤300 粒/L。

(3)温度、湿度的测量点指地板以上 2.0m 和设备前方 0.4m 处测量的数值(机架前后没有保护板时测量)。

(4)电磁干扰：电场强度小于 126dBμV/m。

(5)磁场强度小于 800A/m。

2.5.2 机柜安装

(1)机柜安装位置正确，符合施工图纸的要求。

(2)多个机柜安装应该平齐，每个机柜必须保持水平、稳固。

(3)机柜顶部出线缆孔正对准机房走线槽的下方。

(4)支架与地面、支架与机柜间固定的螺栓应全部正确安装，查看螺栓安装齐全，螺栓紧固，弹垫、平垫安装顺序正确。

(5)机柜表面无划痕，机柜门锁开合良好。

(6)机柜内没有其他杂物。

2.5.3 线缆布放

(1)线缆绑扎间距均匀，松紧适度，线扣扎好后应将多余部分齐根剪掉，不留尖刺，扎扣朝同一个方向，保持整体整齐美观统一。

(2)线缆布放时应理顺，不交叉弯折。

(3)机柜外布线用槽道时，不得溢出槽道。

(4)线缆转弯时应圆滑，尽量采用大弯曲半径，转弯处不能绑扎线缆。

(5)接地线牢固，连接可靠，接地阻值应符合设计标准。

(6)设备的电源线、地线的线径符合设备配电要求。

(7)电源线、地线走线转弯处应圆滑。

(8)电源线、地线必须采用整段线缆，中间不能有接头和破损。

(9)光缆应做到顺其自然，不可强拉硬拽，绑扎力度适宜，不得绑扎过紧。

(10)光纤布放时，应尽量减少转弯，需转弯时最好弯成圆形，圆形直径不小于80mm。

(11)暂时不用的尾纤，其头部应用护套进行保护，整齐盘绕在光纤分线盒上，并用绑扎带或宽绝缘胶带固定。

2.5.4 光传输系统

1)概述

使用MSTP的以太网板卡通过路由器接入办公数据、IP语音信号及视频信号，在控制中心以太网板接口接出，通过核心网络设备至相应通信系统；调度话音信号、PG/GA信号通过PCM的2M通道接入MSTP设备。数据使用主、备两个独立的路由器接入，在调控中心使用GE(或FE)板接出。

2)设备安装

(1)按设计要求并结合现场实际情况，把光传输系统的各个板卡、增强型子架等设备安装到指定位置。

(2)安装移动设备时要轻拿轻放，固定设备螺栓需紧固、不松动、不脱落，接线正确，线缆标识齐全、清晰。

3)调试

(1)加电前的确认：①电源线接头牢固，连接良好，标签准确清晰。②电源开关标识是否正确对应。③电源电压测试符合设备运行额定电压电流值。使用万用表，测试光传输第一路输出电压，记录第一路电压；正极测试光传输第二路输出电压，记录第二路电压；电压正常范围在$-48V \pm 9.6V$之间。

(2)清洁防尘板灰尘：光传输设备最下层有一个防尘板，巡检时首先将其拉出，用吹风机进行清理灰尘，然后重新插入卡槽。

(3)测试主备用电源使用情况：①用万用表测试两路供电电源电压，保证正常。②关闭第一路供电电源空开，测试第二路电源；再打开第一路供电电源空开，关闭第二路电源空开，测试第一路电源；测试完成后，打开第二路电源空开。

(4)光传输设备测试：①设备告警灯、运行灯检查，设备告警灯、运行灯应如实反映设备当前状态；②光传输线路检查，线路状态应主、备用通道均为正常；③设备供电电压测试，设备供电电压应在$-48V \pm 9.6V$之间；④设备光板收光功率应在$-28 \sim -9$dBm；

⑤设备光板发光功率应在 -5 ~3dBm；⑥设备主备用供电倒换应正常。

系统功能测试包括测试单板的主备倒换、测试电源的主备倒换、测试收发光功率、测试办公网络和视频网络、测试调度电话和 IP 电话业务的正常传输。若发现异常，应及时处理，操作如下：

通过网管查看设备告警、性能事件、设备状态等是否正常，是否有异常告警及异常性能事件，如有，应及时处理。

查看设备告警，可以点击屏幕右上的告警指示查看，红色为紧急告警、橙色为主要告警、黄色为次要告警（见图 2-1）。或者在某网元设备点击右键，展开下拉功能框，如图 2-2所示。

图 2-1　告警状态指示

打开
网元管理器
业务配置
登录
组网图
查询相关线缆
查询相关路径
查看相邻网元
同步当前告警
当前告警浏览
网管侧历史告警
网元侧历史告警
清楚告警指示
确认告警
SDH性能浏览
删除
属性

图 2-2　下拉功能框

先选择“同步当前告警”，再选择“当前告警浏览”，如有告警则提示如图2-3所示。

图 2-3 为“中心控室”设备的告警：告警中 T_ ALOS、TU_ LOP_ VC12、DOWN_ E1_ AIS均为配置的备用业务当前未使用，产生的告警属于正常现象。

查询无异常告警后，查看设备的性能事件，在网元设备点击右键，然后选择“SDH 性能浏览”，就可以清楚地浏览到相应的设备性能介绍。

4）调试工具

笔记本 1 台、万用表 1 台、专业工具 1 套。

主要	T_ALOS	净化厂中控室-2-PQ1-58(...	2010-11-07 15:44:27	-	通信	admin	2011-06-09 16:06:03	传送平面
主要	T_ALOS	净化厂中控室-2-PQ1-57(...	2010-11-07 15:44:27	-	通信	admin	2011-06-09 16:06:03	传送平面
主要	T_ALOS	净化厂中控室-2-PQ1-44(...	2010-10-15 14:32:54	-	通信	admin	2011-06-09 16:06:03	传送平面
主要	T_ALOS	净化厂中控室-2-PQ1-47(...	2010-09-09 16:29:14	-	通信	admin	2011-06-09 16:06:03	传送平面
主要	T_ALOS	净化厂中控室-2-PQ1-46(...	2010-09-09 16:29:14	-	通信	admin	2011-06-09 16:06:03	传送平面
主要	T_ALOS	净化厂中控室-2-PQ1-45(...	2010-09-09 16:29:13	-	通信	admin	2011-06-09 16:06:03	传送平面
主要	T_ALOS	净化厂中控室-2-PQ1-43(...	2010-09-09 16:17:54	-	通信	admin	2011-06-09 16:06:03	传送平面
主要	T_ALOS	净化厂中控室-2-PQ1-48(...	2010-03-31 11:51:37	-	通信	admin	2011-06-09 16:06:03	传送平面
主要	TU_LOP_VC12	净化厂中控室-13-N2EGS...	2011-03-31 15:47:29	-	通信	admin	2011-06-09 16:06:03	传送平面
主要	TU_LOP_VC12	净化厂中控室-13-N2EGS...	2011-03-31 15:47:29	-	通信	admin	2011-06-09 16:06:03	传送平面
主要	TU_LOP_VC12	净化厂中控室-13-N2EGS...	2011-03-31 15:47:28	-	通信	admin	2011-06-09 16:06:03	传送平面
主要	TU_LOP_VC12	净化厂中控室-13-N2EGS...	2011-03-31 15:47:29	-	通信	admin	2011-06-09 16:06:03	传送平面
次要	DOWN_E1_AIS	净化厂中控室-2-PQ1-36(...	2011-07-20 17:55:14	-	通信	admin	2011-07-23 16:49:48	传送平面
次要	DOWN_E1_AIS	净化厂中控室-2-PQ1-16(...	2011-07-20 17:55:14	-	通信	admin	2011-07-23 16:49:48	传送平面
次要	DOWN_E1_AIS	净化厂中控室-2-PQ1-60(...	2011-03-26 17:36:13	-	通信	admin	2011-06-09 16:06:03	传送平面
次要	DOWN_E1_AIS	净化厂中控室-2-PQ1-59(...	2011-03-26 17:36:13	-	通信	admin	2011-06-09 16:06:03	传送平面

图 2-3　告警记录

2.5.5　办公网络系统

1)概述

办公网络系统的硬件和软件采用客户机/服务器体系结构。硬件以小型机为服务器，以 PC 机作为客户机，通过主干网网络交换机构成以生产基地对各站(处)的以太网共享局域网络，提供生产信息共享、公文管理、事务处理、内部管理、公共信息、电子邮件、档案管理、公共服务等。

2)设备安装

(1)按设计要求并结合现场实际情况，将以太网交换机主机、主控制引擎模块、光模块等设备安装到指定位置。

(2)安装移动设备时要轻拿轻放，固定设备螺栓需紧固、不松动、不脱落，接线正确，线缆标识齐全、清晰。

3)调试

(1)加电前的确认：①电源线接头牢固，连接良好，标签准确清晰；②电源开关标识是否正确对应；③电源电压测试符合设备运行额定电压电流值；④检查设备的接地，并做好设备的防静电措施。

(2)查看交换机配置参数：①登录到交换机设备查看设备配置，保证正常。②使用串口线查看数据配置，办公网络数据已配置完成，无需修改。③登录到中心控室交换机下载数据配置，保存备份。telnet + IP 地址，使用"save"命令进行保存。

(3)用电脑检查联网状态，是否可以打开网页、Ping 测试，及时处理网络故障问题。Ping 命令测试方法：首先将工控机电脑的 IP 地址配置为办公网络网段，如"10.19.173.197"，子网掩码"255.255.255.0"，网关配置为"10.19.173.1"，DNS 配置为主用"10.19.6.41"，备用"182.223.251.100"；然后打开 cmd，输入命令 ping www.163.com-t 进行测试，查看网络返回值及是否丢包(见图 2-4)。

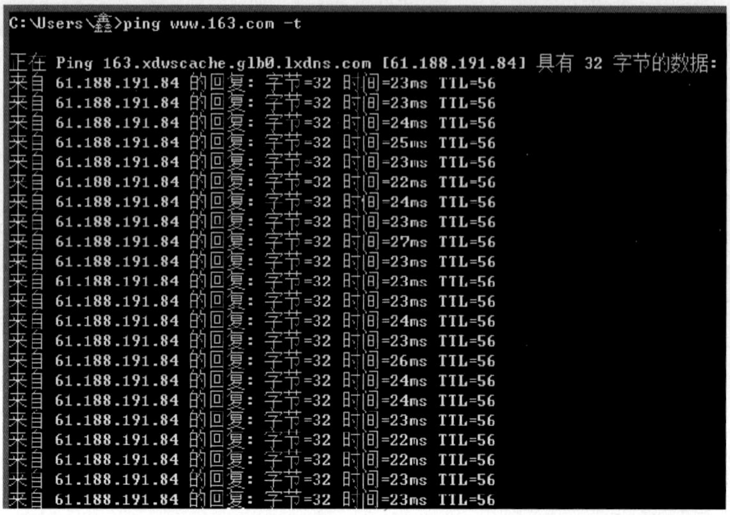

```
C:\Users\鑫>ping www.163.com -t

正在 Ping 163.xdwscache.glb0.lxdns.com [61.188.191.84] 具有 32 字节的数据:
来自 61.188.191.84 的回复: 字节=32 时间=23ms TTL=56
来自 61.188.191.84 的回复: 字节=32 时间=23ms TTL=56
来自 61.188.191.84 的回复: 字节=32 时间=24ms TTL=56
来自 61.188.191.84 的回复: 字节=32 时间=25ms TTL=56
来自 61.188.191.84 的回复: 字节=32 时间=23ms TTL=56
来自 61.188.191.84 的回复: 字节=32 时间=22ms TTL=56
来自 61.188.191.84 的回复: 字节=32 时间=24ms TTL=56
来自 61.188.191.84 的回复: 字节=32 时间=23ms TTL=56
来自 61.188.191.84 的回复: 字节=32 时间=27ms TTL=56
来自 61.188.191.84 的回复: 字节=32 时间=23ms TTL=56
来自 61.188.191.84 的回复: 字节=32 时间=23ms TTL=56
来自 61.188.191.84 的回复: 字节=32 时间=23ms TTL=56
来自 61.188.191.84 的回复: 字节=32 时间=24ms TTL=56
来自 61.188.191.84 的回复: 字节=32 时间=23ms TTL=56
来自 61.188.191.84 的回复: 字节=32 时间=26ms TTL=56
来自 61.188.191.84 的回复: 字节=32 时间=24ms TTL=56
来自 61.188.191.84 的回复: 字节=32 时间=24ms TTL=56
来自 61.188.191.84 的回复: 字节=32 时间=23ms TTL=56
来自 61.188.191.84 的回复: 字节=32 时间=22ms TTL=56
来自 61.188.191.84 的回复: 字节=32 时间=22ms TTL=56
来自 61.188.191.84 的回复: 字节=32 时间=23ms TTL=56
来自 61.188.191.84 的回复: 字节=32 时间=23ms TTL=56
```

图 2-4　网络数据传输情况显示界面

(4)其他相关测试(包括上网、收发邮件)正常即可，若不能正常使用，则应及时找到问题原因并处理。

4)调试工具

笔记本 1 台、万用表 1 台、专业工具 1 套、网线若干。

2.5.6　语音软交换系统

1)概述

主设备程控调度交换机，各站场通过 PCM 设备将调度话音信号通过光传输网络接入到控制中心的程控调度电话交换机，进行调度业务的交换。

2)设备安装

(1)按设计要求并结合现场实际情况，将语音软交换主机等设备安装到机柜内指定位置，固定牢固。

(2)设计要求并结合现场实际情况，将网络电话等设备安装到指定位置。

(3)安装移动设备时要轻拿轻放，固定设备螺栓需紧固、不松动、不脱落，接线正确，线缆标识齐全、清晰。

3)调试

(1)加电前的确认：①电源线接头牢固，连接良好，标签准确清晰；②电源开关标识是否正确对应；③电源电压测试符合设备运行额定电压电流值；④检查设备的接地并做好设备的防静电措施；⑤加电前确认后，设备试运行一段时间，看是否有无异常告警。若发现问题则及时找到原因并处理。

(2)功能测试。

①网管设备。a. 计算机操作系统及网管系统检查，计算机操作系统及网管应工作正

常，无任何异常告警出现；b. 网管应无任何异常告警及性能事件；c. 网管与设备连接检查：通过网管计算机 ping 设备应可接通；d. 软交换服务器：软交换服务器配置应正常，查看号码配置均应正常。软交换服务器供电应在 220V ±22V。

②IP 电话。a. IP 话机检查：IP 电话应保持清洁，IP 电话的液晶屏可以显示该电话的 IP 地址和号码配置，对比配置列表，IP 地址、电话号码正确无误；b. IP 电话通话测试：IP 电话应可以正常通话，拨打、接听功能测试均应正常，通话声音清晰。

4）调试工具

笔记本 1 台、万用表 1 台、专业工具 1 套、测试电话 1 台。

2.5.7 工业以太网系统

1）概述

自控设备通过 UTP 电缆（主连接或备连接）连接工业级路由器 10/100Mbps 端口。工业级路由器与工业以太网交换机和公网设备连接，组成 SCADA 数据上传的主备传输通道。

2）设备安装

（1）按设计要求并结合现场实际情况，把工业以太网系统的交换机主机、光模块、工业安全模块等设备安装到机柜内指定位置，固定牢固。

（2）安装移动设备时要轻拿轻放，固定设备螺栓需紧固、不松动、不脱落，接线正确，线缆标识齐全、清晰。

3）调试

（1）加电前的确认：①电源线接头牢固，连接良好，标签准确清晰；②电源开关标识是否正确对应；③测试电源电压是否符合设备运行额定电压电流值；④检查光功率是否符合设备正常运行的额定光衰内；⑤检查设备的接地并做好设备的防静电措施；⑥加电前确认后，设备试运行一段时间，看是否有无异常告警。若发现问题则及时找到原因并处理。

（2）根据设计配置交换机参数。通过外观观察交换机指示灯的工作状态，端口会有规律的频闪，正常运行情况下，A、B 网交换机指示灯均为绿色常亮。检查交换机的供电指示灯（供电指示灯标记为“L1”“L2”分别表示两路供电情况）绿灯长亮为正常（见图 2-5）；检查交换机的指示灯，告警灯“F”灭为正常，P8 闪烁或者绿灯长亮为正常，P9 和 P10 闪烁或者绿灯长亮为正常。X414 交换机 F 告警灯灭为正常。X414 交换机网络接口闪烁或者绿灯长亮为正常。

（3）根据设计查看交换机参数。厂家在 FAT 调试（工厂测试）过程中已经对工业以太网 300、400 交换机系列设置完成，在使用过程中不需再进行设置。

①在“开始”菜单内选择“运行”，输入“cmd”并运行（见图 2-6）。

图 2-5　电源指示灯

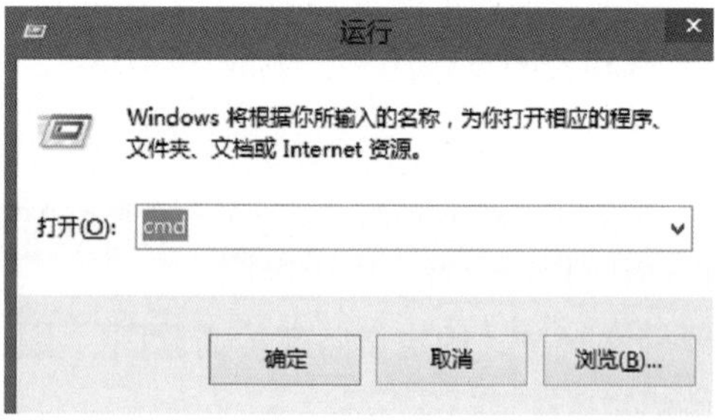

运行
Windows 将根据你所输入的名称，为你打开相应的程序、文件夹、文档或 Internet 资源。
打开(O): cmd
确定　取消　浏览(B)...

图 2-6　运行界面

②输入 ping IP 地址，例如，测试与某站是否连通，可以 ping 某站的 IP 地址。某站 A 网为 172. 16. 100. 254，输入的内容为 ping172. 16. 100. 254-t，输入完成后单击回车(见图 2-7)。

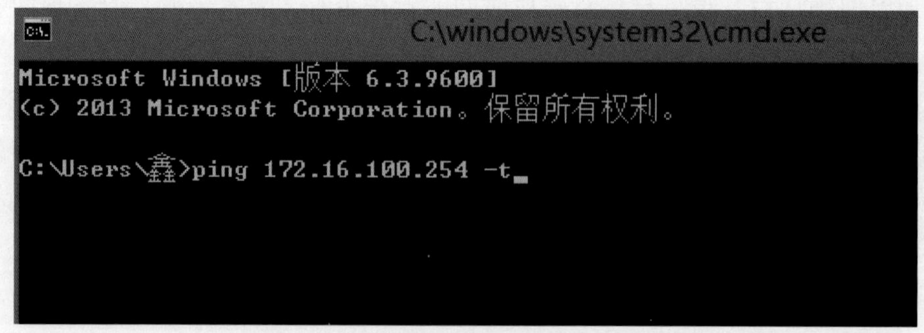

图 2-7　网络数据传输测试界面

③根据反馈值可判断当前网络连接情况。

拷贝某站网管服务器文件，进行传输速率测试，传输速率大于 2M；要满足《基于以太网的局域网系统验收测评规范》(GB/T 21671—2008)中的要求。

(4)配置完成后进行系统功能测试。

4）调试工具

笔记本1台、万用表1台、专业工具1套、测试线1条、ODTR1台、光功率1台、尾纤1条、熔接机1台。

2.5.8 站场广播对讲系统

1）概述

站场广播对讲系统，主要用于保障各集气场站、污水处理厂日常生产，以及发生紧急情况时报警并指挥人员疏散，用于与自控的火灾、气体报警等系统进行连接，实现报警联动。分为两级联动：在控制中心通过局域网与SCADA数据服务器连接，接受报警信号，按照设定范围、方式向指定站场广播报警；在场站本地系统机柜接受场站RTU所提供的4类触点信号（ESD－1：全站关断，泄压；ESD－2：全站关断，不泄压；场站火灾；场站泄漏），并按照不同情况进行广播报警。

控制中心PA/GA核心设备构成主要为设备子架、PA/GA主控部分、广播对讲交换单元（PA Switching Unit）、接入单元（Local/Remote Access Panel）、供电模块。其中核心设备均为1＋1冗余备份。

每个场站PA/GA系统远端主机设置在场站控制室内，主机设备主要包括系统子架、系统主控单元、广播对讲交换单元（PA Switching Unit）、接入单元（Local/Remote Access Panel）、广播扩音模块（Amplifier）以及供电模块等。其中，核心设备均为1＋1冗余备份设计。

各场站室外话站、室外扬声器均使用为防爆产品，防爆等级高于ExdIIBT4，防护等级不低于IP65。室外话站采用模块式免维护话站，外接一个扬声器。室内话站采用桌面（操作台）嵌入式安装，应具有免提功能。室外扬声器设计功率最低为50W。

2）设备安装

（1）将PA/GA主机安装到PA/GA机柜内，固定牢固，正确接线。

（2）将各用户板卡正确插入PA/GA主机，固定牢固。

（3）将室内话站、室外话站、室外防爆扬声器按设备要求安装到指定位置，并接入浪涌保护器。

3）调试

（1）加电前的确认：①电源线接头牢固，连接良好，标签准确清晰；②电源开关标识是否正确对应；③测试电源电压是否符合设备运行额定电压电流值；④检查光功率是否符合设备正常运行的额定光衰内；⑤检查设备的接地并做好设备的防静电措施；⑥加电前确认后，设备试运行一段时间，看是否有异常告警，若发现问题则及时找到原因并处理。

（2）系统功能测试：①室内话站与室外话站互通；②扬声器能否正确响应、话机能否正常响铃、通话是否清晰。

（3）测试方法：①室内话站拨打室外话站或扬声器：室内摘机拨号（或按免提后拨号，

也可使用话站副机设置的快捷键，在摘机后可一键拨号)，若测试室外话站，在拨打室外话站号码后，室外话站可摘机通话，或在接通提示音3声后，话机自动接通室外扬声器，此时可通过话站对室外进行喊话，声音通过扬声器传送至场站各部位；②室外话站拨打室内话站：室外话站拨打室内话站无需拨号，只需要摘下室外话站听筒，此时室内话站会直接开始振铃；③其他室内话站互拨的测试方法类似普通话机的拨打测试方法；④告警联动测试：触发站场广播对讲系统的告警联动，告警联动可以正常响应联动信号，能根据提示音直观的分辨出告警类型，如三级关断、气体泄漏、火灾告警。

4)调试工具

笔记本1台、万用表1台、专业工具1套。

2.5.9 程控调度和“119”接警系统

1)概述

程控调度交换系统，主要用于控制中心与输气管道沿线各有人集气站间的生产调度话音通信。

“119”值班室内设计消防通信子系统一套，用于实现系统内外的通信和数据通信功能，该系统包括有线语音、数据传输等。

2)设备安装

(1)将程控电话交换系统主机安装到机柜内，固定牢固，正确接线。

(2)将各个板卡正确插入主机，固定牢固。

(3)将“119”接警系统主机安装到机柜内，固定牢固，正确接线。

(4)将各个板卡正确插入主机，固定牢固。

3)调试

(1)加电前的确认：①电源线接头牢固，连接良好，标签准确清晰；②电源开关标识是否正确对应；③测试电源电压是否符合设备运行额定电压电流值；④检查光功率是否符合设备正常运行的额定光衰内；⑤检查设备的接地并做好设备的防静电措施；⑥加电前确认后，设备试运行一段时间，看是否有异常告警，若发现问题则及时找到原因并处理。

(2)根据设计查看主机参数是否相符。

(3)系统功能测试：①主机软件检查：软件配置、号码配置应正确无误。②调度话机检查：调度电话应保持清洁，话机配置正确无误，在用话机完好率应≥95%。③调度电话通话测试：a. 测试电话长号、短号能否正常使用，能否正常响铃，在用电话接通率应应≥95%；b.“119”电话测试，可直接拨打“119”，观察应急救援站是否能正常接通；c. 通话效果测试，在通话时，观察通话声音是否清晰、有无杂音电流音等，如果存在电流音，一般应着重检查线缆连接情况。

4)调试工具

笔记本1台、万用表1台、专业工具1套、测试电话1台。

2.5.10 工业电视监控系统

1）概述

场站工业电视监视系统，主要用于对工艺场站内工艺设备、控制仪表、火炬头和室内等重要部位的监视，以及预防意外闯入和及时发现险情给予报警及火灾确认等。

2）设备安装

（1）将 CCTV 视频监控主机安装到机柜内，固定牢固，确保正确接线。

（2）将室外防爆摄像头按设计要求安装到监控杆指定位置，固定牢固，并接入浪涌保护器。

3）调试

（1）加电前的确认：①电源线接头牢固，连接良好，标签准确清晰；②电源开关标识是否正确对应；③测试电源电压是否符合设备运行额定电压电流值；④检查设备接地并做好设备的防静电措施；⑤加电前确认后，设备试运行一段时间，看是否有无异常告警，若发现问题则及时找到原因并处理。

（2）系统功能测试：测试内容主要包括视频监控画面有无信号、是否清晰、监控头的控制、信号的远传、录像回放等，其具体操作如下。

①预览操作。

a. 运行软件，点击右操作栏，显示见图 2-8。

b. 点击设备列表选项。点击后出现主机名称（站点名称）—点击右键—选择登录设备。登陆设备的时候由于需要连接网络会有十几秒的延迟，是正常现象。登录后的设备列表展开按钮界面见图 2-9。

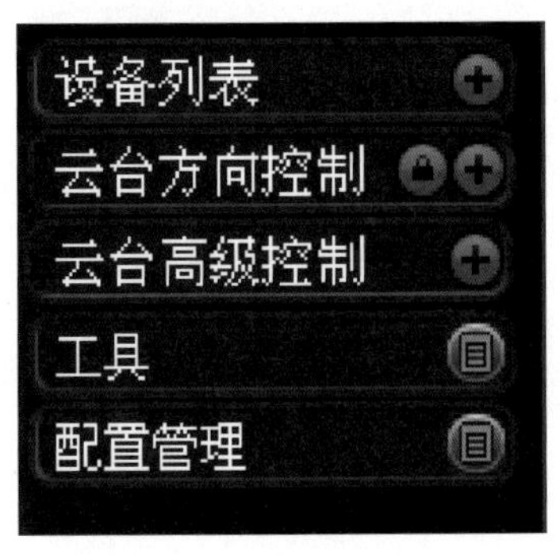

图 2-8 软件操作界面

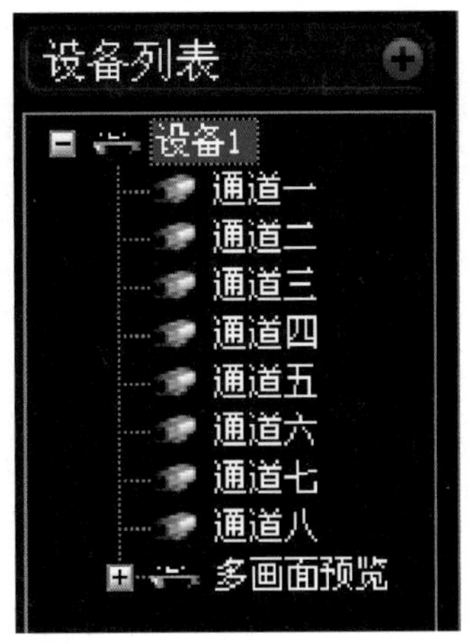

图 2-9 设备列表选择界面

c. 点击主画面的通道一窗口（见图 2-10）。

d. 然后双击设备列表里面的通道一。此时监控软件应该出现通道一的监控画面。所

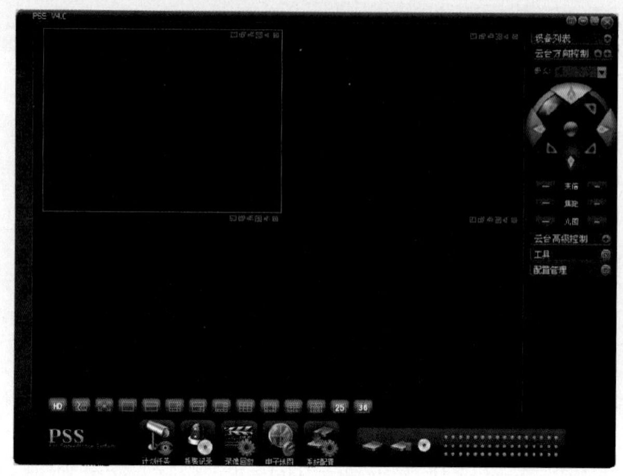

图 2-10　视频显示窗口

有通道以此类推，把所有通道打开之后预览完成。

注意：每次开关电脑，则需要重新登录软件，然后重新重复以上操作才能完成预览。预览可以选择多画面，双击单个画面最大化图像，再次双击则返回。

②摄像头的控制。

a. 在预览界面(见图 2-11)，选定单击选定一个图像窗口。

b. 在预览窗口左侧根据软件提示对摄像头做相应操作，如：控制摄像头上下左右移动、调整移动的步长、焦距调整、雨刷功能等。

③录像回放。

点击“录像回放”按钮，弹出录像回放对话框：

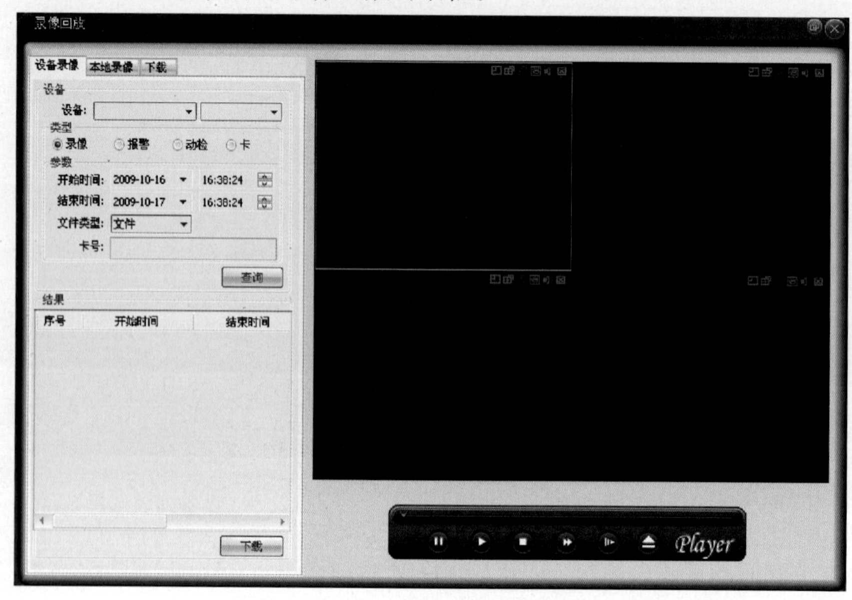

图 2-11　录像回放界面

a. 点击“设备”—选择“门店”—点击“通道数”—选择“需要回放的通道”。

b. 输入开始时间与结束时间。

c. 文件类型选择：文件；卡号：主机默认，不需要填写。

d. 点击“查询”。

e. 在查询结果选项应出现已经存储的录像文件，双击“需要回放的时间段”，双击“播放”。

4）调试工具

笔记本1台、万用表1台、专业工具1套。

2.5.11 周界防范系统

1）概述

激光对射报警系统采用激光技术、光电信号采集和处理技术，实现对一定安全区域的警戒。采用激光器报警器，可在人眼不可见的情况下，实现对外来入侵者无法躲避的情况自动报警。同时，采用激光调制技术可以实现对杂散光的过滤，达到减少误报次数的效果。另外，如果配合CCD全天候监控系统工作，可实现区域的全自动监控。

2）设备安装

（1）把周界防范系统的报警主机安装到机柜内，固定牢固，正确接线。

（2）将室外两束激光对射探测器、声光报警器按设计要求安装到指定位置，固定牢固，并接入浪涌保护器。

3）调试

（1）加电前的确认：①电源线接头牢固，连接良好，标签准确、清晰；②电源开关标识是否正确对应；③测试电源电压是否符合设备运行额定电压电流值；④检查设备的接地，并做好设备的防静电措施；⑤加电前确认后，设备试运行一段时间，看是否有无异常告警，若发现问题则及时找到原因并处理。

（2）系统功能测试（包括：能否正常触发报警、触发灵敏度、声光报警）。其具体操作为：①确认发射器与接收器互相对应（见表2-3）：当接线上电后，发射器与接收器的电源指示绿灯亮；当光束互相对准时，接收器的报警指示红灯会每隔1s闪烁一次；当没对准或用不透光的物体同时遮断两束或两束以上激光时，接收器的报警指示红灯亮，并发出报警信号。②将发射器与接收器底座转动对准后，拧紧M10膨胀螺丝即完成安装操作。

表2-3 周界防范系统状态指示对照表

名称	状态	显示
发射器	发射时	红灯闪亮
接收器	警戒时	绿色灯亮/报警指示灯（红）灭
	报警时	绿色灯亮/报警指示灯（红）亮

(3)系统布防：①确认准备指示灯亮失效防区必须先恢复或旁路，系统才能布防。②输入密码后按“#”键进行布防(按键间隔需小于5s，否则视为无效，若输入错误，键盘响5声提示，在5声之后重新输入)。③确认红色的布防指示灯亮起键盘响两声提示布防成功。④系统撤防：输入密码后按“#”键进行撤防。⑤警铃测试：输入密码进行警铃测试，警铃和键盘响3s响应表示正常。⑥消除报警记忆：输入密码消除报警记忆。⑦防盗性能测试：防区工作状态正常后，应根据设防的要求，用于防范相似的所有可能尺寸、形状的物体，用不同的速度、不同的方式遮挡探头的光轴，在报警现场用无线对讲机与控制中心联系，检验报警情况是否正常，同时要仔细留心报警主机上有没有闪动或不稳定状态，以测试防区能否具有正常报警的能力，测试防区防护的范围是否能达到预定的要求、是否存在防护死区，以免给报警系统留下隐患。

4)调试工具

笔记本1台、万用表1台、专业工具1套。

2.5.12 风速风向系统

1)概述

风速风向系统用于检测和显示场站风向和风速大小，在紧急情况下(如硫化氢泄漏)方便站内作业人员和周边居民逃生用。

2)设备安装

(1)把风速风向系统的主机安装到机柜内，固定牢固，正确接线。

(2)将室外风速风向数字传感器、避雷针器按设计要求安装到风速风向杆指定位置，固定牢固，并接入浪涌保护器。

(3)将工作站和显示器安装到通信操作台。

(4)线缆布放：①线缆绑扎间距均匀，松紧适度，线扣扎好后应将多余部分齐根剪掉，不留尖刺，扎扣朝同一个方向，保持整体整齐、美观、统一；②线缆布放时应理顺，不交叉弯折；③机柜外布线用槽道时，不得溢出槽道；④线缆转弯时应圆滑，尽量采用大弯曲半径，转弯处不能绑扎线缆；⑤接地线牢固，连接可靠，接地阻值应符合设计标准；⑥设备的电源线、地线的线径应符合设备配电要求；⑦电源线、地线走线转弯处应圆滑；⑧电源线、地线必须采用整段线缆，中间不能有接头和破损。

3)调试

(1)加电前的确认：①电源线接头牢固，连接良好，标签准确、清晰；②电源开关标识是否正确对应；③测试电源电压是否符合设备运行额定电压电流值；④检查设备的接地，并做好设备的防静电措施；⑤加电前确认后，设备试运行一段时间，看是否有无异常告警，若发现问题则及时找到原因并处理。

(2)根据设计要求和系统规划配置主机参数。

(3)系统功能测试(包括：能否正常检测风速大小、风向)。其具体操作为：①打开风速风向软件，选择正确的串口，点击“打开”；②观察软件数据显示变化，记录风速风向数据；③参照场站风速风向袋，估算记录值是否正确。

4）调试工具

笔记本1台、万用表1台、专业工具1套。

2.5.13 门禁系统

1）概述

门禁系统又称出入管理控制系统通道管理系统，是一种管理人员进出的数字化智能管理系统，不仅可以树立规范化管理形象、提高管理档次，而且能规范内部的管理体制。

2）设备安装

（1）按照设计要求参照现场实际情况，将管理主机、门禁控制器、机箱、磁力锁、支架等设备安装到指定位置，固定牢固。

（2）移动设备轻拿轻放，固定设备牢固，螺栓紧固、不松动、不脱落，接线正确，线缆标识齐全、清晰。

3）调试

（1）加电前的确认：①电源线接头牢固，连接良好，标签准确、清晰；②电源开关标识是否正确对应；③测试电源电压是否符合设备运行额定电压电流值；④检查设备的接地，并做好设备的防静电措施；⑤加电前确认后，设备试运行一段时间，看是否有无异常告警，若发现问题则及时找到原因并处理。

（2）根据设计要求和系统规划配置主机参数。

（3）系统功能测试（包括：门禁系统能否正常手动开关、正常读卡、吐卡等，车辆管理系统主机显示画面是否清晰、能否正常读卡、计费等）。

4）调试工具

笔记本1台、万用表1台、专业工具1套、测试车1辆。

2.5.14 信息化管理系统

1）概述

气田信息化系统基于三维地理信息系统，对气田场站进行三维建模，集成场站及管线的日常数据与应急预案，对气田视频监控进行整合处理，对场站的各项数据进行采集并以网页的形式呈现。

2）设备安装

（1）按设计要求并结合现场实际情况，把信息化服务器安装在通信机柜中。

（2）按照设计要求及设备技术要求，连接服务器之间的通信，通过交换机与防火墙与西南石油局局网进行互联。

3）调试

（1）加电前的确认：①电源线接头牢固，连接良好，标签准确、清晰；②电源开关标识是否正确对应；③电源电压测试符合设备运行额定电压电流值；④检查设备的接地，并做好设备的防静电措施。

(2)安装服务器系统，将系统分权限进行管理。

(3)存储服务器安装 oracle 数据库。

(4)对集输系统、供水系统、供电系统、通信系统、消防系统、居民分布信息、道路交通系统、应急疏散广播进行部署。

(5)对施工数据、施工资料、变更资料进行汇总管理，提供管道数据的查询与更新。

(6)与自动控制(SCADA)系统服务器和 OPC 服务器互联，建立并采集采气厂各个井站、净化厂、分输的场站数据。

(7)建立并部署生产动态，提供生产报表的上传与查询，形成生产动态分析。

(8)部署生产运行模块，更新生产值班、来电记录、交接班、重点工作、会议纪要、巡检管理等方案。

(9)部署应急救援模块，物资管理及人员信息，对场站的所有监控进行集成并实施浏览查看，对应急预案进行分离管理并更新。

(10)通过指定进行访问，查询数据状态。

2.6 腐蚀监测系统调试

场站的腐蚀监测系统包括电阻探针(ER)、线性极化探针(LPR)和腐蚀挂片(CC)3 种监测方式。其中，在线监测的电阻探针和线性极化探针监测数据由数据采集器获取，经过现场接线箱传至站控室机柜间腐蚀监测服务器进行管理，并上传中心控室腐蚀监测服务器进行分析；腐蚀挂片主要是靠人工称重并准确记录后安装，使用期间靠定时取出进行称重分析。下面着重介绍一下电阻探针和线性极化探针及其相关设备的调试。

2.6.1 系统上电前检查

(1)硬件和软件检查：验证现场验收测试的硬件和软件与合同及相关补充技术协议的要求是否一致。

(2)电源线检查：分别测试数据传输线、电源线通断情况。

(3)接地情况检查：检查数据采集器、接线箱接地情况。

(4)电源检查：检查站控室腐蚀监测系统电源正常，确认数据采集器、腐蚀监测服务器电源连接正确，上下游数据信号线、电源线连通。

2.6.2 系统上电试运行

(1)接通站控室腐蚀监测机柜电源，启动服务器，观察机柜间腐蚀监测服务器静态画面是否正常，检查腐蚀监测机柜内设备运行状态。

(2)接通现场各监测点电阻探针、线性极化探针的电源，在服务器上定义各个监测点电阻探针、线性极化探针，设置各个监测点电阻探针、线性极化探针基本参数。

2.6.3 腐蚀监测服务器界面调试

(1)监测点位置、监测系统名称定义正确。

(2)腐蚀监测服务器画面清晰，切换正常。

(3)服务器准确及时收集、上传数据信息。

(4)服务器数据管理分析功能测试。

(5)测量值超出设定范围报警功能测试。

2.6.4 数据传输系统测试

(1)检测服务器对探针属性信息的设置功能。

(2)按照位号从各个监测点发送6组信号，检查站控室机柜间腐蚀监测服务器状态与中心控室服务器界面上对应监控点监视画面状态变化，接收信号值与发送信号值是否一致。

(3)待腐蚀监测系统服务器调试完成后，调试站控室机柜间与中心控室之间的腐蚀监测系统数据传输功能，保证现场数据信号能够准确上传。

2.7 燃料气及仪表风系统调试

燃料气及仪表风系统主要用于供应场站设备的燃料气、吹扫气和设备动力源(仪表风)(在此假设集气总站反输的燃料气压力为3.1～3.5MPa，场站设备所需要的燃料气、吹扫气和仪表风压力为0.6～0.8MPa)。3.1～3.5MPa的燃料气经站外燃料气管线到燃料气进站ESD，然后进入燃料气分离器。从分离器出来的天然气经过计量后调压至0.6～0.8MPa，然后分配到燃气发电机、加热炉、火炬等做燃料气，同时为各ESDV(气动单作用球阀)、XV(气动双作用球阀)和LV(液位调节阀)等提供仪表风，还为其他各涉硫橇块提供吹扫气。

2.7.1 管道吹扫

1)目的

管道在施工完成后，很可能会残留铁屑、泥土、污水等杂物，影响投运后管道内燃料气的质量以及其他使用燃料气设备的正常运行。为了清除管道内的杂物，可使用空气、氮气或者其他惰性气体对管道内进行吹扫，保持管道内的清洁。

考虑到现场机具的搬迁、摆放、连接以及废气的排放等的实际情况，场站内燃料气管道吹扫最好与站外的燃料气输送管线一起进行，包括管道吹扫作业、氮气置换作业、氮气气密作业、燃料气置换作业、燃料气气密作业等。

2）吹扫作业

场站内燃料气系统吹扫主要包括燃料气橇块、燃料气管线、吹扫管线和仪表风管线。燃料气管线放空口为火炬长明灯和加热炉燃烧系统压力仪表安装口；吹扫气放空直接经过各大橇块手动放空至火炬；仪表风放空口为各用气阀门与仪表风管线的连接处。

（1）按照阀门状态确认表（见表2-4），对各阀门仪表的状态进行确认。

表2-4　××站燃料气及仪表风系统吹扫阀门状态确认表

序号	区域	阀门说明	阀门编号	阀门状态	操作人	确认人
1	燃料气分离器及仪表风系统	燃料气分离器上压力表针形阀	RF－PG	开		
2		燃料气分离器出口管线第一个闸阀	RF－4	开		
3		燃料气分离器出口管线电磁流量计上游第一个闸阀	RF－5	开		
4		燃料气分离器出口管线电磁流量计下游第一个闸阀	RF－6	开		
5		燃料气分离器出口管线上不经电磁流量计旁通截止阀	RF－7	开		
6	……					

（2）站内分区吹扫。

①进站燃料气ESDV至燃料气橇调压阀前。首先将吹扫气引入燃料气橇，直至燃料气橇调压阀前；然后逐一打开燃料气分离器罐底排污阀、罐安全阀旁通阀、调压阀前排污阀，并在放空口对吹扫情况进行检测。

②燃料气橇调压阀后各燃料气管道。将吹扫气引入调压后的燃料气管线，放空口选在火炬长明灯和加热炉燃烧系统压力仪表安装口处，并在放空口对吹扫情况进行检测。同时可将吹扫气引入燃气发电机，放空口选在燃气发电机进口压力仪表阀处，并在该处进行检测。

③燃料气橇调压阀后各吹扫气管道。顺着主流程方向，依次导通井口分离器区域、加热炉区域、计量橇区域、外输及收发球筒区域的吹扫管线阀门，吹扫气直接经过各大橇块手动放空至火炬，并在吹扫管线末端的压力仪表处对吹扫情况进行检测。

④仪表风缓冲罐及仪表风管线。首先将吹扫气引入仪表风缓冲罐，打开罐底排污阀，对仪表风缓冲罐进行吹扫，在排污口进行检测；然后依次对使用仪表风的XV、井口分离器ESDV、加热炉ESDV、计量橇ESDV、出站ESDV、生产分离器ESDV、燃料气ESDV、过站ESDV等处的仪表风管线进行吹扫。仪表风放空口选在各用气阀门的仪表风管线进口处，并在该处进行检测。

3）验收标准

吹扫的技术要求和质量应符合国家现行有关标准和设计文件的规定，应在排气口设置贴有白布或涂白漆的木制靶板进行检验，吹扫5min后靶板上应无铁锈、尘土、水分及其他杂物。对每道吹扫管线都要进行检查，同时填写相应的吹扫记录(见表2-5)。

表2-5　××站燃料气管线氮气吹扫结果记录表

序号	检测类型	检测位置	吹扫结果	检测人	备注
1	橇体	燃料气分离器排污口			
2		仪表风缓冲罐排污口			
3		发电机橇前压力表放空口处			
4		火炬篮式过滤器前压力表放空口处			
5	吹扫管线	井口泄压管汇台压力表放空处			
6		井口临时分酸分离器压力表放空处			
7		水套加热炉去点火管线"Y"形过滤器处			
8		多相流计量橇压力表放空口处			
9		生产分离器压力表放空口处			
10		污水缓冲罐压力表放空口处			
11		收球筒吹扫阀门下法兰处			
12		火炬放空总管压力变送器考克连接处			
13	仪表风管线	井口临时分酸分离器ESDV仪表风阀门进气口			
14		多相流量计后ESDV仪表风阀门进气口			
15		生产分离器ESDV仪表风阀门进气口			
16		过站ESDV仪表风阀门进气口			
17		进站燃料气管线ESDV阀门进气口			
18	……				

2.7.2　氮气置换

1)氮气置换要求

(1)液氮加热泵车氮气出口处应有准确、可靠的温度显示仪表、压力仪表和流量显示仪表。

(2)液氮加热泵车氮气出口温度及氮气进入管道温度必须大于5℃。根据注氮速度、环境温度等因素选择具备足够供热能力的注氮设备和车辆，确保注入氮气的温度。

(3)置换过程中管道内压力宜介于0.2～0.3MPa且气体流速不应大于5m/s。

(4)置换管道末端配备含氧量检测仪器，当置换管道末端放空管口气体含氧量低于2%时即认为置换合格。

(5)注氮过程中应符合国家相关规范及气田开车燃料气工程试运投产方案其他要求。

(6)液氮纯度在99.99%以上且其他腐蚀性组分符合要求。

2）氮气置换流程

站内氮气置换空气主要涉及燃料气橇块、燃料气管线、燃料气至各橇块的吹扫管线以及仪表风管线。

（1）对燃料气橇块进行氮气置换：①对燃料气分离器及其橇内相应管线进行氮气置换，从罐底排污口排出置换气体；②缓慢调节自立式调压阀，使调压阀后压力不高于0.6MPa，对燃料气橇块及其相应管线进行氮气置换，从罐底排污口排出置换气体。

（2）站内燃气管线氮气置换：主要包括水套加热炉、火炬长明灯、燃料气发电机的燃料气管线，置换之前需要将检测口前的各阀门打开。

（3）吹扫管线及仪表风管线置换：主要包括井口区域、临时分酸分离器、水套加热炉、多相流量计、生产分离器、污水缓冲罐、收发球筒、放空总管等，置换之前需要将检测口前的各阀门打开。

3）检测记录

在每个放空口进行检测，连续检测3次，每次间隔2min，若3次检测氧含量均小于2%，说明置换合格。考虑到各橇块之间的局部管线较多，为了达到置换不留死角的目的，置换过程应从放空口进行检测，依次对各检测点进行检测，并填写燃料气管线氮气置换记录表（见表2-6）。

表2-6　××站燃料气管线氮气置换记录表

序号	检测类型	检测位置	氧含量	检测人	备注
1	橇体	燃料气分离器排污口			
2		燃料气仪表风缓冲罐排污口			
3		发电机橇前压力表放空口处			
4		火炬篮式过滤器前压力表放空口处			
5	吹扫管线	井口泄压管汇台压力表放空处			
6		井口临时分酸分离器压力表放空处			
7		水套加热炉去点火管线“Y”形过滤器处			
8		多相流计量橇压力表放空口处			
9		生产分离器压力表放空口处			
10		污水缓冲罐压力表放空口处			
11		收球筒吹扫阀门下法兰处			
12		火炬放空总管压力变送器考克连接处			
13	仪表风管线	井口临时分酸分离器ESDV仪表风阀门进气口			
14		多相流量计后ESDV仪表风阀门进气口			
15		生产分离器ESDV仪表风阀门进气口			
16		过站ESDV仪表风阀门进气口			
17		进站燃料气管线ESDV阀门进气口			
18	……				

2.7.3 氮气气密

1）氮气升压要求

首先利用燃料气反输管线内的氮气对站内燃料气管线进行升压（假设燃气管线的设计压力为4.0MPa、燃料气分离器安全阀起跳压力为3.8MPa、吹扫气及仪表风管线设计压力为1.0MPa、仪表风缓冲罐安全阀起跳压力为0.9MPa），然后分别在氮气压力达到1.3MPa、2.5MPa、3.8MPa时稳压10min，保证燃料气橇及管线无压降；最后将氮气压力升至4.0MPa稳压30min，管道系统无泄漏、无压降时为合格，氮气升压验漏结束（注意：为了避免在气密过程中发生安全阀起跳的情况，需要在安全阀起跳压力的90%~95%时关闭其上游阀门）。

2）氮气气密流程

（1）燃料橇块气密。

①确认场站燃料气进站管线及燃料气橇块阀门的初始状态。

②按阀门状态确认表（见表2-7）对场站燃料气进站及站内流程进行确认。

表2-7 ××站燃气及仪表风系统氮气气密阀门确认表

序号	区域	阀门说明	阀门编号	阀门状态	操作人	确认人
1	燃料气及仪表风系统	燃料气分离器出口管线上自力式调压阀上游第一个闸阀	RF-12	开		
2		燃料气分离器出口管线上自力式调压阀下游第一个闸阀	RF-13	开		
3		燃料气分离器出口管线旁通上自力式调压阀上游第二个闸阀	RF-P9	开		
4		燃料气分离器出口管线旁通上自力式调压阀	RF-P10	开		
5		燃料气分离器出口管线旁通上自力式调压阀下游第二个闸阀	RF-P11	开		
6	……					

③打开燃料气分离橇前的入口闸阀，导通站外管线与燃料气橇，对燃料气橇升压至1.3MPa，关闭场站燃料气进站阀门。

④观察燃料气橇内管线及阀门压力变化并验漏，稳压10min下无泄漏、无压降即为合格。

⑤如有泄漏，需对泄漏点进行处理，处理后再次进行升压验漏。

⑥继续升压，当燃料气橇压力为2.5MPa时，观察燃料气橇内管线及阀门压力变化并验漏，稳压10min下无泄漏、无压降即为合格。

⑦继续升压，当燃料气橇压力为3.8MPa时，观察燃料气橇内管线及阀门压力变化并验漏，稳压10min下无泄漏、无压降即为合格。

⑧为了避免在气密过程中发生安全阀自动起跳的情况，需要关闭燃气分离器安全阀前闸阀。继续升压，当燃料气橇压力为4.0MPa时，观察燃料气橇内管线及阀门压力变化并验漏，稳压30min下无泄漏、无压降即为合格。

⑨关闭吹扫管线、仪表风放空管线出口球阀，将自立式调压阀后端的仪表风罐及管线压力依次调整为0.3MPa、0.6MPa、0.9MPa，观察仪表风缓冲罐附属管线及阀门压力变化并验漏，分别稳压10min下无泄漏、无压降即为合格。

⑩关闭吹扫管线、仪表风放空管线安全阀前的闸阀，将自立式调压阀后端的仪表风罐及管线压力调整为1.0MPa，观察仪表风缓冲罐附属管线及阀门压力变化并验漏，稳压30min下无泄漏、无压降即为合格。

(2)吹扫气管线气密。

①关闭井口、临时分酸分离器、水套加热炉、多相流量计、生产分离器、污水缓冲罐、收发球筒、放空总管等吹扫管线进橇或主流程前的闸阀。

②将自立式调压阀后端的管线压力调整为1.0MPa。

③打开吹扫管线出口球阀，管线稳压30min，观察吹扫管线及吹扫管线进橇阀门的压力变化并验漏，当无泄漏、无压降时即为合格。

(3)仪表风管线。

①关闭临时分酸分离器、多相流量计、生产分离器、收球筒的仪表风进口球阀。

②调节自立式调压阀后端的仪表风系统压力，保证仪表风的出口压力为1.0MPa。

③打开仪表风出口球阀，稳压30min下观察仪表风管线及ESDV进气管线的压力变化并对阀门、法兰、螺纹连接处等进行验漏，当无泄漏、无压降时即为合格。

(4)燃气发电机及火炬长明灯供气管线气密。

①关闭燃气发电机橇前的球阀、火炬点火系统的燃气进口闸阀，打开进站燃料气管线的旁通闸阀。

②对火炬长明灯、燃料气发电机的燃料气管线及阀门进行验漏，稳压30min下观察管线的压力变化并验漏阀门及法兰，当无泄漏、无压降时即为合格。

2.7.4 盲板隔离

为了防止燃料气系统管道内的天然气渗入未经置换的主流程管道和设备，与空气发生混合引发爆炸，同时为了防止在主流程氮气气密和正常生产时，主流程内的高压气体串入燃气系统造成燃气系统的管道和设备因超压而发生爆炸，在进行燃气系统的燃料气气密之前，需在压力等级不同的燃气管道与其他系统连接处加装盲板进行隔离，具体位置见表2-8。

表 2-8 ××站燃料气管道盲板加装统计表

序号	检测类型	检测位置	盲板状态	操作人	备注
1	吹扫管线	井口燃料气吹扫口	盲断		
2		井口临时分酸分离器燃料气吹扫口	盲断		
3		水套加热炉放空管线燃料气吹扫口	盲断		
4		多相流计量橇燃料气吹扫口	盲断		
5		生产分离器燃料气吹扫口	盲断		
6	吹扫管线	污水缓冲罐燃料气吹扫口	盲断		
7		收球筒燃料气吹扫口	盲断		
8		发球筒燃料气吹扫口	盲断		
9	……				

(1)根据盲板封堵方案，领取相应材料(盲板、垫片、螺栓，注意材质要求)。

(2)根据盲板封堵方案，按照流程检查并安装盲板(保证法兰密封面清洁平整并上脂，安装“8”字盲板时注意是否更换螺栓，所有盲板安装时确认材质是否和方案吻合，拆卸下的快速接头或预留法兰等物资移交至指定地点，摆放整齐并让相关人员签收，移交清单交班组存档，做好换下的不合格老旧垫片清单记录并及时退库，退库清单复印件交班组存档)。

(3)整个调试周期内，根据指令对相应“8”字盲板进行换向(主要部位：井口燃料气吹扫口、酸液缓冲罐顶部进出口、火炬分液罐顶部放空口及后部收发球筒污水进口、燃料气进站 ESDV 阀处、进出站 ESDV 阀处；换向时注意“8”字盲板除锈后上脂防腐)。

2.7.5 燃料气置换氮气

1)置换要求

(1)氮气置换空气、氮气气密已经完成。

(2)场站外燃料气已充满燃气管道。

(3)经批准的燃料气置换氮气方案已向生产人员交底。

(4)进气连续平稳，在净化厂进入集输返输燃料气管道起点处利用闸阀控制起点压力为 0.2MPa，气体速度不超过 5m/s。

(5)在场站各燃料气管道末端选择一压力表考克作为放空检测点，利用便携式可燃气体检测仪对天然气含量进行检测，纯度达到 5% 以上即为合格。

(6)利用燃料气分配橇块去火炬管线对置换的气体进行放空。

2)置换步骤

(1)燃料气橇块：①导通站外燃料气管线至燃料气分配橇的阀门；②打开燃料气分配橇块安全放空管线的旁通截止阀，将置换气引入放空系统进行放空；③打开罐体压力表的泄压口，利用便携式可燃气体检测仪对天然气含量进行检测，纯度达到 5% 以上即为合格；

④调节自立式调压阀使阀后管线压力不高于0.2MPa，导通仪表风橇块的进口管线；⑤打开燃料气仪表风橇块放空管线安全阀的旁通截止阀，将置换气引入放空系统进行放空；⑥打开罐体压力表的泄压口，利用便携式可燃气体检测仪对天然气含量进行检测，纯度达到5%以上即为合格。

(2)火炬：①导通燃料气分配橇至火炬燃气系统主管线前的阀门，打开燃料气管线进火炬系统的主管线旁通闸阀；②从压力表考克作为置换检测点，利用便携式可燃气体检测仪对天然气含量进行检测，纯度达到5%以上即为合格。

(3)水套加热炉：①导通燃料气管线至水套加热炉燃气系统前的阀门；②从加热炉燃烧系统压力表考克作为置换检测点，利用便携式可燃气体检测仪对天然气含量进行检测，纯度达到5%以上即为合格。

(4)燃气发电机：①导通进站燃料气管线的旁通闸阀及燃气发电机橇前的球阀；②从压力表考克作为置换检测点，利用便携式可燃气体检测仪对天然气含量进行检测，纯度达到5%以上即为合格。

为了确保燃料气置换氮气不留死角，置换过程中共设置5个检测点，检测点的具体位置见表2-9。

表2-9　××站燃料气管线燃料气置换结果记录表

序号	检测位置	可燃气体含量	检测人	备注
1	燃料气分配橇罐体压力表放空处			
2	燃料气仪表风缓冲罐罐体压力表放空处			
3	水套加热炉压力表放空口处			
4	发电机橇前压力表放空口处			
5	火炬篮式过滤器前压力表放空口处			
6	……			

2.7.6　燃料气气密

1)升压要求

首先利用燃料气反输管线内的燃料气对站内燃料气管线进行升压，然后分别在燃气压力达到1.3MPa、2.5MPa时稳压10min，保证燃料气橇及管线无压降，最后将燃料气压力升至3.5MPa，稳压30min，管道系统无泄漏、无压降时为合格，燃料气升压验漏结束。

2)气密流程

(1)燃料气调压分配橇：①确认场站燃料气进站管线及燃料气橇块阀门的初始状态；②按阀门状态确认表(见表2-10)对场站燃料气进站及站内流程进行确认；③打开燃料气分离橇前的入口闸阀，导通站外管线与燃料气橇，对燃料气橇升压至1.3MPa，关闭场站燃料气进站阀门；④观察燃料气橇内管线及阀门压力变化并验漏，稳压 10min 下无泄漏、无压降即为合格；⑤如是有泄漏需对泄漏点进行处理，处理后再次进行升压验漏；⑥继续升压，当燃料气橇压力为 2.5MPa 时，观察燃料气橇内管线及阀门压力变化并验漏，稳压 10min 下无泄漏、无压降即为合格；⑦继续升压，当燃料气橇压力为 3.5MPa 时，观察燃料气橇内管线及阀门压力变化并验漏，稳压 30min 下无泄漏、无压降即为合格；⑧将自立式调压阀后端的仪表风罐及管线压力调整为 0.8MPa，观察仪表风缓冲罐及其附属管线及阀门压力变化并验漏，稳压 30min 下无泄漏、无压降即为合格。

表 2-10 ××站燃料气及仪表风系统燃气气密阀门确认表

序号	区域	阀门说明	阀门编号	阀门状态	操作人	确认人
1	燃料气及仪表风系统	燃料气分离器出口管线上自力式调压阀上游第一个闸阀	RF－12	开		
2		燃料气分离器出口管线上自力式调压阀下游第一个闸阀	RF－13	开		
3		燃料气分离器出口管线旁通上自力式调压阀上游第二个闸阀	RF－P9	开		
4		燃料气分离器出口管线旁通上自力式调压阀	RF－P10	开		
5		燃料气分离器出口管线旁通上自力式调压阀下游第二个闸阀	RF－P11	开		
6	……					

(2)吹扫管线：打开吹扫管线出口球阀，对吹扫气管线进行验漏，管线稳压 30min，观察吹扫管线及吹扫管线进橇阀门的压力变化并验漏，当无泄漏、无压降时即为合格。

(3)仪表风管线：①关闭临时分酸分离器、多相流量计、生产分离器、过站的仪表风进口球阀；②调节自立式调压阀后端的仪表风系统压力，保证仪表风的出口压力为 0.8MPa；③打开仪表风出口球阀，稳压 30min 下观察仪表风管线及 ESDV 进气管线的压力变化并验漏阀门及法兰，当无泄漏、无压降时即为合格。

(4)燃气管线：①关闭燃气发电机橇前的球阀、火炬点火系统的燃气进口闸阀，打开进站燃料气管线的旁通闸阀；②对火炬长明灯、燃料气发电机的燃料气管线及阀门进行验漏，稳压 30min 下观察管线的压力变化并验漏阀门及法兰，当无泄漏、无压降时即为合格。

2.8 控制系统调试

数据采集与监控系统(英文全称是 Supervisory Control And Data Acquistion ，SCADA 系统)是集输工程控制的核心，包括过程控制系统和安全仪表系统，其中安全仪表系统又包括紧急关断系统、火气仪表系统。过程控制系统主要通过现场检测仪表与自控设备来实现工艺流程的检测和控制；火气仪表系统通过现场火气探测器来检测现场风险元素，紧急关断系统以联锁报警触发紧急关断，以保证生产与生命财产安全。

SCADA 系统调试主要分为 4 个部分，具体包括网络测试、控制器设置检查，首次受电、电源检查及切换测试，工作站测试。

2.8.1 网络测试

1）组态与布线

(1)交换机设置：利用组态终端检查交换机的各端口设置是否符合设计要求。

(2)交换机接线：检查各交换机的接线方式以及接线电缆的类型是否与设计图纸一致，网络标识是否清楚。

(3)整个网络结构与组成：检查整个网络中各工作站、控制器与交换机的连接是否与设计图纸一致。

2）冗余切换功能检测

(1)控制器端检测：拔下在线控制器上的网线，检查备用控制器是否切换至在线状态，注意切换时间。

(2)工作站端检测：拔下工作站一个端口的网线，检查工作站工作是否正常。

(3)交换机端检测：关掉在线交换机的电源，检查备用交换机是否切换至在线状态，注意切换时间、各控制器的切换情况。

3）网络状态监测与分析

(1)监视网络误码和网络各节点状态。

(2)利用系统状态图检查整个网络的状态。

(3)检查各节点的正常状态。

(4)模拟网络故障，检查系统状态图反映是否正确。

2.8.2 控制器设置检查

(1)控制器组态：检查各控制器的设置是否符合实际要求(硬件地址、网络地址、空间分配、控制程序)。

(2)控制器冗余切换检测：模拟在线控制器的处理器故障，观察备用处理器的切换时间和状态。

(3)控制器性能检测：记录各控制器的空间、内存的消耗(平均值、峰值)。

2.8.3 系统首次受电、电源检查及切换测试

1）上电前的检查

(1)核对所有电源线、信号线、通信总线，确保连接无误。

(2)控制站、操作台、工程师站等各机框内插卡、适配器及其接口的型号、位置正确无误。

(3)检查各插卡旋钮螺钉是否牢固。

(4)确保电源单元及插卡上电源开关均处于“OFF”位置，所有保险丝完好无损。

(5)机柜内所有连接螺钉均应牢固、无松动。

2)首次受电步骤及注意事项

首次送电必须在制造厂现场服务工程师的监护下进行，受电范围限定在仅投入电源装置和电源模件。

(1)将待受电的主机柜、各站的分路开关断开，检查各机柜、各站点是否有在线工作的模件、设备，如有则必须将其拆除，使其脱离在线状态。

(2)填写“送电通知单”通知电气专业将UPS电源送至SCADA电源柜，用万用表测量总电源开关上端头电压应为220VAC。

(3)合上总电源开关，电源柜电压表指示正确。

(4)再送分支电源每路单独送电。

3)电源切换

关掉一侧电源，观察另一侧的电源切换是否顺利，注意切换时是否延时，是否影响系统的运行。从几点测试电源切换：①控制器侧；②工程师站侧；③交换机侧。

2.8.4 工作站检查

(1)接地系统接地电阻测试：①检查安全地对地电阻是否小于4Ω；②使用万用表检查各机柜接地汇流排是否与接地板接通；③检查每一个操作台、机柜柜体是否接做安全接地。

(2)确保各电源的L线和N线准确无误。

(3)重新启动工作站检查开机信息中有无错误信息出现，检查相应的配置是否正确。

(4)在启动过程中检查主机电源、风扇工作是否正常，确认各项指示灯显示正常、风扇工作无异音。

(5)检查显示器各项调节功能、键盘是否工作正常、三键鼠标的各键功能是否完好。

(6)检查工作站显示器各项调节功能是否良好。

(7)启动结束后观察一般信息显示窗口中有无不正常的错误或者注意事项。

(8)打开操作员站面板上的不同图标，检查操作员站上图标的各种功能是否完备。

(9)检查操作员站桌面右键快捷菜单功能是否设置正确，确认没有超出范围的功能。

(10)检查工作站软驱功能，拷贝某一个文件到一张新软盘中。

(11)工程师站：检查工程师站光驱是否正常。

2.8.5 系统调试

(1)SCADA及辅助仪表调试：现场RTU、PLC、仪表盘等单独测试成功后与SCADA并网，使SCADA调试与辅助仪表盘调试相互独立、互不干扰，从而可以使两个工序平行作业，并可避免因设备状态不正常或接线错误等原因造成设备的损坏。

(2)控制室内部系统调试：在不连接控制室至现场电缆情况下，对 SCADA 机柜的系统调试。调试检查 SCADA 与辅助仪表盘间的所有串行信号模拟及联锁报警信号等，确认接口组态正确、检查串行信号符合要求，各机柜间及各系统(SIS、PLC、RTU 等)间所有模拟、数字(报警联锁)信号传递正确，动作可靠，符合要求。

(3)全装置仪表联校联锁调试：根据现场施工及工艺试车进度要求，连接控制室至现场电缆，通过在现场加信号进行回路试验，并陆续投用。根据回路图，将输入、输出信号按模拟量输入 AI：现场利用信号发生器，做五点校验，检定点一般为 0、25%、50%、75%、100% 五个基准点；模拟量输出 AO：在 SCADA 上位控制面板，给 AO 信号，检定点一般为 0、25%、50%、75%、100% 五个基准点。

(4)数字量输入、数字量输出、热电偶、热电阻等类型分组调试。

(5)检查调节器手/自动操作跟踪信号误差、手/自动双向切换扰动误差。

(6)根据 SCADA 联锁逻辑图、输入信号等条件，检查现场阀门以及机泵等联锁动作是否符合要求，检查动作的正确与可靠性，并做好联锁调试记录。

注意：调试过程中，注意回路的分支、指示、记录、报警等同时实现，对检测系统要进一步核对信号的量程、工程单位、报警上下限，以及流量信号的开方等。

2.9 阀门调试

2.9.1 自控阀门调试

1)自力式液压闸板阀(BDV)调试

(1)自力式液压闸板阀动作信号特性。①接线形式：两线制；②供电电压：24VDC；③信号特性：有源触点、DO；④动作特性：失电开。

(2)自力式液压闸板阀状态信号特性：①接线形式：开状态回路、关状态回路(共 2 对线)；②信号特征：无源触点、DI。

(3)调试步骤。①在站控室 SIS 机柜上连接自力式液压闸板阀控制线路(1 对)并上电，在 PCS 机柜连接自力式液压闸板阀 2 对阀位反馈信号线；②在上位机界面上确认自力式液压闸板阀此时的状态与现场一致，即均处于开状态(出厂默认)；③现场手动将高压油泵拨到自锁位置，用高压油泵打压，直至阀门关闭；④在上位机界面上确认自力式液压闸板阀此时的状态与现场一致，即均处于关状态；⑤在 SCADA 控制软件上给自力式液压闸板阀“0”信号，阀门打开；⑥在上位机界面上确认自力式液压闸板阀此时的状态与现场一致，即均为开状态，调试成功。

2)气动双作用球阀(XV)调试

(1)气动双作用球阀动作信号特性。①接线形式：四线制(开动作回路、关动作回路)；②供电电压：24VDC；③信号特性：有源触点、DO；④动作特性：开回路得电、关回路失电，阀门打开；开回路失电、关回路得电，阀门关闭。

(2)气动双作用球阀状态信号特性。①接线形式：开状态回路、关状态回路(共2对线)；②信号特征：无源触点、DI。

(3)调试步骤。①在站控室PCS机柜上连接气动双作用球阀2对控制线路与2对状态回讯信号线；②在上位机界面上确认气动双作用球阀此时的状态与现场一致；③现场打开气动双作用球阀气源管线闸阀，确认气源管线无泄漏；④在上位机气动双作用球阀操作界面上给阀门开命令，阀门打开；⑤在上位机界面上确认气动双作用球阀此时的状态与现场一致，即均处于开状态；⑥在上位机气动双作用球阀操作界面上给阀门关命令，阀门关闭；⑦在上位机界面上确认气动双作用球阀此时的状态与现场一致，即均处于关状态，调试成功。

3)气动单作用球阀(ESDV)调试

(1)气动单作用球阀动作信号特性。①接线形式：两线制；②供电电压：24VDC；③信号特性：有源触点、DO；④动作特性：失电关。

(2)气动单作用球阀状态信号特性。①接线形式：开状态回路、关状态回路(共2对线)；②信号特征：无源触点、DI。

(3)调试步骤。①在站控室SIS机柜上连接气动单作用球阀1对控制回路并给回路供电，在PCS机柜上连接气动单作用球阀2对状态回讯信号线；②在上位机界面上确认气动单作用球阀此时的状态与现场一致；③现场打开气动单作用球阀气源管线闸阀，确认气源管线无泄漏；④如果气动单作用球阀处于关闭状态，需现场按下复位按钮，阀门打开，并在上位机界面上确认气动单作用球阀此时的状态与现场一致，即均处于开状态；⑤在SCADA控制软件上给气动单作用球阀关动作回路“0”信号，阀门关闭；⑥在上位机界面上确认气动单作用球阀此时的状态与现场一致，即均处于关状态，调试成功。

4)气动液位调节阀(LV)调试

(1)液位调节阀动作信号特性。①接线形式：两线制；②供电电压：24VDC；③信号特性：有源触点、DO；④动作特性：得电开/失电关。

(2)液位调节阀状态信号特性。①接线形式：开状态回路、关状态回路(共2对线)；②信号特征：无源触点、DI。

(3)调试步骤。①在站控室PCS机柜上连接液位调节阀1对控制线与2对状态回讯信号线；②在上位机界面上确认液位调节阀此时的状态与现场一致；③现场打开液位调节阀气源管线闸阀，确认气源管线无泄漏；④在上位机液位调节阀操作界面上给阀门开命令，阀门打开；⑤在上位机界面上确认液位调节阀此时的状态与现场一致，即均处于开状态；⑥在上位机液位调节阀操作界面上给阀门关命令，阀门关闭；⑦在上位机界面上确认液位调节阀此时的状态与现场一致，即均处于关状态，调试成功。(注意：电动液位调节阀调试与电动球阀调试一致。）

5）节流阀调试

（1）节流阀动作信号特性。①接线形式：四线制；②动力电压：380VAC；③控制电压：24VDC；④信号特性：有源触点、AO；⑤动作特性：0～100%开关。

（2）节流阀状态信号特性。①接线形式：0～100%开关信号（共1对线）；②信号特征：有源触点、AI。

（3）调试步骤。①将从UPS接过来的电源线接入节流阀执行机构；②连接从加热炉控制机柜到节流阀的2对信号线（1对信号控制线、1对阀位信号反馈线）；③给节流阀供应动力电源380VAC，按照说明书对阀门的全关阀位（0%）和全开阀位（100%）进行重新设定，必须要跟实际阀位一致；④按照说明书将节流阀的死区设定为"1"；⑤在加热炉控制机柜人机界面上确认节流阀的状态和阀位与现场一致；⑥在上位机节流阀操作界面上给阀门0、25%、50%、75%、100%的阀位命令，检查确认节流阀的状态和阀位与现场一致；⑦在上位机节流阀操作界面上给阀门100%、75%、50%、25%、0的阀位命令，检查确认节流阀的状态和阀位与现场一致；⑧在上位机界面上和加热炉控制机柜人机界面上的状态与现场一致，都可实现阀门的开关和反馈，即均正常，则调试成功。

6）电动球阀调试

（1）电动球阀动作信号特性。①接线形式：四线制；②动力电压：380VAV；③控制电压：24V（很多的场站未将该阀实现远程控制，也无阀位信号反馈）；④信号特性：有源触点、AO；⑤动作特性：0～100%开关。

（2）电动球阀状态信号特性。①接线形式：0～100%开关信号（共1对线）；②信号特征：有源触点、AI。

（3）调试步骤。①将从UPS（或者市电）接过来的电源线接入电动球阀执行机构。②连接从控制机柜到电动球阀的2对信号线（1对信号控制线、1对阀位信号反馈线）。③给节流阀供应动力电源380V，按照说明书对阀门的全关阀位（0%）和全开阀位（100%）进行重新设定，必须要跟实际阀位一致；④在上位机人机界面上确认节流阀的状态和阀位与现场一致；⑤在上位机电动球阀操作界面上给阀门0、25%、50%、75%、100%的阀位命令，检查确认节流阀的状态和阀位与现场一致；⑥在上位机电动球阀操作界面上给阀门100%、75%、50%、25%、0的阀位命令，检查确认节流阀的状态和阀位与现场一致，则调试成功。（注意：其中②、④、⑤、⑥条只适用于实现了远程控制和反馈的电动球阀调试。）

2.9.2 一般阀门调试

1）阀门灵活度检查

检查阀门开关是否灵活，是否能全开全关到位。

2）阀门附件检查

（1）检查现场阀门附件是否齐全、是否正确安装及紧固到位（注脂孔、注脂盖、手轮、手柄、排污丝堵等处的金属丝扣是否使用四氟带）。

（2）所有涉酸法兰连接处必须使用抗硫金属缠绕垫、金属环垫（油建安装过程中可能会使用普通钢板、四氟垫、石棉垫，压力为18MPa及以上流程与酸直接接触部分金属环垫必须为镍基825材质）。

（3）现场所有螺栓必须紧固到位且出头三扣，同一件法兰连接螺栓必须统一配套。

（4）现场所有4孔法兰必须做好跨接（安装法兰盲板处4孔以上法兰的跨接，跨接铜皮宽度为4～5cm）。

（5）检查橇块基础、管墩、阀墩是否有预埋件，设备及管线、管件是否紧固可靠，硬性支撑及硬性固定是否有软胶垫。

（6）流程管道、阀门、钢结构锈蚀点重新除锈刷漆防腐，法兰盲板除锈刷漆防腐，“8”字盲板等需保护部件除锈上油保护，按照设计标准执行。

（7）损坏及变形保温层修复，按照设计标准执行。

3）阀门除锈注脂保养

阀门活动部件除锈注脂（阀杆需全部升起后除锈注脂），外表面及执行机构内表面锈蚀部分除锈上油。

4）紧固件除锈除漆保养

螺栓螺母除锈除漆并整体上油（施工单位安装后喷漆可能会大量喷在螺栓螺母上）。

5）安全阀拆卸、送检、回装

根据指令拆卸安全阀并移交相关人员送检，效验完成后根据指令回装（做好拆装记录、移交记录，所有物资去向要有据可查，拆卸后保管好螺栓垫片等附件，现场空置法兰做好保护）。

6）阀门拆除

根据工艺需要，按照盲板封堵方案拆除制定阀门（注意：拆除前对阀门两端管线法兰做支撑固定，吊运时保护法兰密封面、垫片、排污阀、丝堵，拆除后清理密封面上油保养并使用塑料膜保护阀门，对永久性拆除的阀门要搬运至指定地点摆放整齐并让相关人员签收，移交清单至班组存档）。

7）阀门或执行机构换向

根据现场情况，按要求对阀门或执行机构换向（蜗轮蜗杆要与阀杆完全闭合，可适当对阀杆加注润滑脂，换向后注意检查阀门实际开关状态与限位开关或指示板是否吻合）。

2.9.3 阀门调试常见故障

1）阀门状态显示“故障”

在上位机界面上阀门显示“开”时，开状态信号线两端只能测到0VDC电压（回路闭合)，关状态信号线两端可以测到24VDC电压(回路不闭合)。

在上位机界面上阀门显示“关”时，开状态信号线两端可以测到24VDC电压(回路不闭合)，关状态信号线两端只能测到0VDC电压(回路闭合)。

在上位机界面上阀门显示“故障”时，开状态信号线两端和关状态信号线两端均只能测到0VDC电压，开状态回路和关状态回路均闭合。这种故障一般需要打开阀门限位开关顶盖，调节限位开关凸轮即可排除故障。

2)阀门状态显示“状态不明”

在上位机界面上阀门显示“状态不明”时，在开状态信号线两端和关状态信号线两端均可以测到24VDC电压，开状态回路和关状态回路均不闭合。这类故障一方面是由于阀门限位开关凸轮接触不好而造成，另一方面则是因线路接线错误而造成。对于前者则要调节限位开关凸轮，对于后者则需要施工方检查线路，正确接线，其具体操作为：首先用一根导线在PCS机柜接线端子上将开状态信号线两端(关状态信号线两端)正负极连接，如果上位机界面上阀门显示“开(关)”，则说明机柜端子至阀门限位开关之间存在接线错误；然后用一根导线在现场接线箱将开状态信号线两端(关状态信号线两端)正负极连接，如果上位机界面上阀门显示“开(关)”，则说明接线箱至限位开关之间存在接线错误。应及时调整线路，排除故障。

2.10 机泵调试

2.10.1 机泵自控部分调试

1)甲醇缓蚀剂注入泵调试

(1)甲醇缓蚀剂注入泵信号特性。①动作信号：无源触点、DO；②状态信号：无源触点、DI(回路闭合开、回路断开关)；③操作：在紧急关断时停泵，现场启泵或停泵。

(2)调试步骤。①使用万用表在泵动作及状态信号线两端测量电压，确保甲醇缓蚀剂泵使用的三相电压没有串联/并联到机柜；②在站控室SIS机柜上给泵动作信号接线，在PCS机柜上给泵状态信号接线；③在SCADA控制软件上给泵动作回路“1”信号，然后现场手动启泵；④确认现场泵状态与站控室泵状态一致，即均为“开启”状态；⑤在SCADA控制软件上给泵动作回路“0”信号，泵停止工作；⑥确认现场泵状态与站控室泵状态一致，即均为“停止”状态，醇缓蚀剂注入泵调试成功。

2)酸液缓冲罐污水装车泵调试

(1)酸液缓冲罐污水装车泵信号特性。①动作信号：无源触点、DO；②状态信号：无源触点、DI(回路闭合开、回路断开关)；③操作：在上位机上停泵或现场启泵或停泵。

(2)调试步骤。①使用万用表在泵动作及状态信号线两端测量电压，确保酸液缓冲罐污水装车泵所使用的三相电压没有串联/并联到机柜；②在站控室PCS机柜上给泵动作信号及状态信号接线；③在 SCADA 控制软件上给泵动作回路“1”信号，然后现场手动启泵；④确认污水装车泵泵状态与站控室泵状态一致，即均为“开启”状态；⑤在 SCADA 控制软件上给泵动作回路“0”信号，或在上位机污水装车操作界面上进行泵“停止”操作；⑥确认现场泵状态与站控室泵状态一致，即均为“停止”状态，酸液缓冲罐污水装车泵调试成功。

3）火炬分液罐罐底泵调试

（1）火炬分液罐罐底泵信号特性。①动作信号：无源触点、DO；②状态信号：无源触点、DI（回路闭合开，回路断开关）；③操作：上位机上启泵或停泵，现场启泵或停泵，紧急关断时停泵。

（2）调试步骤。①使用万用表在泵动作及状态信号线两端测量电压，确保火炬分液罐罐底泵所使用的三相电压没有串联/并联到机柜；②在站控室 PCS/SIS 机柜上给泵动作信号及状态信号接线；③在 SCADA 控制软件上给泵动作回路“1”信号，或在上位机罐底泵操作界面上进行泵“启动”操作，罐底泵开始工作；④确认罐底泵状态与站控室泵状态一致，均为“开启”状态；⑤在 SCADA 控制软件上给泵动作回路“0”信号，或在上位机罐底泵操作界面上进行泵“停止”操作，罐底泵停止工作；⑥确认现场泵的状态与站控室一致，即均为“停止”状态，火炬分液罐罐底泵调试成功。

2.10.2 机泵机械部分调试

在进行机泵调试的同时，首先要对甲醇和缓蚀剂罐进行清洗、风干，然后将甲醇和缓释剂加入相应的罐里面，液位保持在罐容积的 25% ~75% 之间，以备机泵调试和生产时使用。

1）隔膜计量泵

（1）机泵无设计缺陷，入口流量、出口压力和工况的适用范围满足工艺生产要求。

（2）泵体完好、铭牌齐全，无影响泵运行可靠性、使用寿命及安全的制造缺陷，轴承箱、压力表、地脚螺栓齐全，管线无应力，符合要求。

（3）基础基座坚固完好，进出口管线无应力。

（4）检查计量泵液压箱内的变压器油的量是否充足，油位应高于箱体内的柱塞表面，优先厂家推荐油。

（5）计量泵传动箱内应已填充润滑油，油位等于或略高于油标中心指标位，优先使用厂家推荐油，利于保护泵传动部件的使用寿命。

（6）盘车时，检查机泵有无卡涩或异响甚至盘不动车。

（7）开机前应确认与泵连接的入口管路已经清理和清洗，保证无焊渣、铁屑和其他颗粒杂物等存在，否则在运行中极易划伤隔膜，导致隔膜破裂，影响正常运行。

（8）确认机泵旋向是否正确。

（9）开机前，机泵流量调节到 0 ~20% 位状态，进出口处于开启状态。

（10）调试液体应保证清洁、纯净、不能有脏物存在，一般选用洁净的生活用水。

(11)机泵流量逐渐调节到100%状态，将加注管线压力升至设计压力，对机泵的性能，仪表设备的工作情况，管线的渗漏情况进行检查。

2)*磁力驱动泵*

(1)机泵无设计缺陷，入口流量、出口压力和工况的适用范围满足工艺生产要求。

(2)泵体完好、铭牌齐全，无影响泵运行可靠性、使用寿命及安全的制造缺陷，轴承箱、压力表、对轮防护罩、地脚螺栓齐全，符合要求。

(3)基础基座坚固完好，进出口管线无应力。

(4)机泵同心度符合要求。

(5)密封泄漏不超标，无明显泄漏。

(6)调试前应确认电机各项参数符合开机条件，电机轴承已进行填脂保养。

(7)确认电机转向正确；手动盘车无卡涩和异响，判断转锭子无摩擦。

(8)试车前应确认与泵连接的入口管路已经做过清理和清洗，保证无焊渣、铁屑和其他颗粒杂物等存在。

(9)确认机泵入口处于开启状态，出口处于开启状态。

2.10.3 泵调试常见故障

现场调试中，经常出现甲醇缓蚀剂启泵位号与上位机界面上启泵位号无法对应的情况，则需要施工方认真查线，一一对应，确保现场启泵位号与界面上启泵位号一致。

2.11 加热炉调试

2.11.1 调试前具备的条件

(1)所有设备已安装完成。

(2)完成工艺管路试压试验。

(3)完成加热炉管道试压试验。

(4)完成热盘管试压试验。

(5)完成燃气管路试验和吹扫试验。

(6)天然气供应正常，燃料气进气压力在0.6~0.8MPa之间。

(7)电设备防爆要求、防护等级检查完毕。

2.11.2 加热炉自控系统调试

(1)对加热炉附属的压力、温度、液位、流量及火气仪表进行调试，使之运行正常，能准确传入加热炉控制系统。

(2)对加热炉温度控制阀、紧急切断阀等自动阀门进行调试，使之能正常动作，受控于加热炉控制系统，信号传输准确。

(3)对加热炉点火系统进行调试，长明火供气压力稳定在30~100kPa之间，实现点火成功率达到100%。

(4)对加热炉的温度、压力等自动控制功能进行调试，实现各级温度、压力快速稳定的达到设定值。

(5)对加热炉报警功能进行调试，数据检测和传输出现异常后能及时发出报警信息。

(6)对加热炉与SCADA系统的通信进行调试，使SCADA系统能够及时显示加热炉的各项数据和报警信息，同时实现对加热炉的远程控制。

2.11.3　洗炉

1)清洗前的准备

(1)加热炉化学清洗前应详细了解加热炉的结构和材质，并对加热炉内外部进行仔细检查，以确定清洗方式和制定安全措施。

(2)清洗前必须根据加热炉的实际情况，由专业技术人员制订清洗方案，并经技术负责人批准。

2)加热炉采用循环清洗时的系统设计要求

(1)清洗箱应耐腐蚀并有足够的容积和强度，可保证清洗液畅通，并能顺利地排出沉渣。

(2)清洗泵应耐腐蚀，泵的功率应能保证清洗所需的清洗液流速和扬程，并保证清洗泵可靠运行。

(3)清洗泵入口或清洗箱出口应装滤网，滤网孔径应小于5mm，且应有足够的通流截面积。

(4)清洗液的进管和回管应有足够的截面积，以保证清洗液的流量，且各回路的流速应均匀。

(5)加热炉顶部及封闭式清洗箱顶部应设排气管，排气管应引至安全地点，且应有足够的流通面积。

(6)应标明监视管，采样点位置。

(7)清洗系统内的阀门应灵活、严密，耐腐蚀。

(8)应避免将炉前系统的脏物带入加热炉本体。

3)清洗介质的要求

(1)清洗介质的选择应根据垢的成分，加热炉设备的结构、材质、清洗效果、缓蚀效果、药剂的毒性和环保的要求等因素进行综合考虑，一般应通过试验选用。

(2)一般情况下不得利用回收的酸洗废液清洗加热炉，特殊情况下回收利用的酸液中铁离子总量不得超过250mg/L。

4)清洗流速控制

如采用酸洗时，加热炉炉管内清洗剂流速应维持在0.2～0.5m/s，不得大于1m/s。

5)清洗时间控制

如采用酸洗，从酸液达到预定浓度起到开始排酸时的酸洗时间一般不超过12h。

6）清洗过程监督

（1）在酸洗过程中，每隔30min测定酸浓度和Fe^{3+}浓度。

（2）在水顶酸过程中，每隔10min测定出口水pH值。

（3）在漂洗过程中，每隔30min测定一次漂洗液的酸浓度、pH值和含铁量。

（4）在钝化过程中，每隔2h测定Na_3PO_4浓度和pH值。

2.11.4 煮炉

1）煮炉目的

按照《电力建设施工及验收技术规范》DL/J 58—81、依据《火力发电厂锅炉化学清洗导则》DL/T 794—2001、《锅炉煮炉的规定》及设备制造单位加热炉《安装使用说明书》的要求，为清除加热炉设备在制造、运输、安装过程中残留的各类沉积物、油脂及腐蚀产物，改善加热炉整套启动时期的水汽质量，使之较快地达到部颁正常标准，为加热炉安全运行奠定基础，对此加热炉本体系统进行煮炉。

2）编制依据

（1）DL/T 794—2001《火力发电厂化学清洗导则》；

（2）DL/J 58《电力建设施工及验收技术规范》（火力发电厂化学篇）；

（3）DL/T 561《火力发电厂水汽化学监督导则》；

（4）GB 8978《污水综合排放标准》。

3）煮炉水添加

（1）采用氯离子含量小于0.2mg/L的除盐水向加热炉间断进水、排放的方法，对炉内进行水冲洗，至排水澄清。

（2）放空炉内存水，加入煮炉液，保持所有盘管处于水浴中，确保水位至加热炉缓冲罐满液位1/2～3/4处。

4）煮炉监测项目和间隔

煮炉过程中主要对炉内的压力、温度、煮炉液的碱度、磷酸根含量、pH值等进行监测，具体要求见表2-11。

表2-11 煮炉监测项目统计表

项目	监测间隔	控制范围	备注
压力	1h	按工艺要求	及时调节压力
碱度	1h	≥45mmol/L	浓度低于控制范围应适当补加Na_2CO_3和Na_3PO_4
磷酸根	1h	≥1000mg/L	
pH值	1h	煮炉后换水pH值控制≤9.0	达到控制范围后进行排放
温度	煮炉后换水	70～80℃	

5）煮炉主要设备

在煮炉过程中，主要使用拉液车、输液泵两种设备，具体要求见表2-12。

表 2-12 煮炉设备统计表

序号	设备名称	规格	数量
1	拉液车	8m^3	1 辆
2	输药泵(带输液管线)	流量 15m^3/h、扬程大于 20m	1 台

6)煮炉质量标准

(1)金属表面油脂类的污垢和保护涂层应去除或脱落。

(2)无新生腐蚀产物和浮锈。

7)安全措施及其他事项

安全措施必须遵守《电业安全工作规程》和《锅炉化学清洗导则》有关规定。

(1)洗煮炉前对参加人员进行技术交底，组织学习操作规程和技术措施，熟悉所用药品的性能和烫伤急救方法。

(2)临时系统所有管道连接应可靠，所有阀门、法兰以及水泵的盘根均应严密，应设防溅装置，防备泄漏时药液四溅。

(3)清洗煮炉期间，禁止在清洗系统上进行其他工作，与清洗无关的人员不得留在清洗现场。

(4)现场须备有必要的消防设备、消防水管路，并且保持道路畅通，现场需挂贴“注意安全”“危险!”“请勿靠近”等标语牌，并做好安全宣传工作。

(5)搬运酸、碱性溶液时，应有专用工具，禁止肩扛或手抱。

(6)直接接触碱或酸的人员和检修工，应穿防护工作服，胶皮靴、面罩、带胶皮围裙，胶皮手套，口罩和防护眼，以防酸、碱飞溅烧伤。

(7)输液用泵，应检查其靠背轮是否牢固，并应带放防护罩；冷却水须畅通，润滑油质合格，油位正常，靠背轮转动应无卡死现象。

2.11.5 投运加热炉

(1)煮炉结束后，将煮炉水放出并做回收处理。

(2)用软化水对加热炉炉内进行清洗，采用向加热炉间断进水、排放的方法，对炉内进行水冲洗至排水澄清。

(3)加入软化水，保持所有盘管处于水浴中，确保水位至加热炉缓冲罐满液位 1/2～3/4处。

(4)将加热炉投入正常运行状态。

2.12 火炬调试

2.12.1 调试前具备的条件

(1)所有设备已安装完成。

(2)长明火管线氮气吹扫置换完毕。

(3)燃料气已到火炬塔，系统进口管线压力在0.6~0.8MPa之间。

(4)火炬控制统统已上电。

(5)火炬控制器程序已下装。

(6)相应的仪表已调试完成。

2.12.2 功能测试

1)投运操作

(1)开启火炬燃料气进气阀门，调节燃气调压阀，使压力控制在0.1~0.3MPa之间，等待3min，就地控制面板的开启手动点火按钮，开启长明灯燃气电磁阀，长明灯燃气电磁阀指示灯明亮，循环打火电极发出“啪、啪、啪”声音，长明灯检测到火焰，就地控制面板上绿色指示灯亮。

(2)就地控制面板的开启自动点火按钮，循环打火电极应自动发出“啪、啪、啪”声音，点火如果不成功，火炬控制系统就会再次自动点火，如此反复5次，若还是点火不成功，则火炬控制系统故障灯报警。如点火成功，长明灯则会检测到火焰，就地控制面板上绿色指示灯亮。

(3)在控制系统上远程开启点火按钮，循环打火电极应自动发出“啪、啪、啪”声音，点火如果不成功，火炬控制系统就会再次自动点火，如此反复5次，若还是点火不成功，则火炬控制系统故障灯报警。如点火成功，长明灯则会检测到火焰，就地控制面板上绿色指示灯亮。

2)停运操作

(1)将就地控制面板的长明灯燃气电磁阀旋钮逆时针旋转到“OFF”位置。

(2)关闭火炬点火控制橇装底部长明灯管线的闸阀、截止阀、调压阀的旁通截止阀。

注意：火炬作为高含硫气田重要的安保设备，在进行功能测试时，点火要测试10次以上，成功率需要达到100%，火焰检测需在5s以内。在长明灯熄灭后，火炬能实现自动点火。

3)通信调试

(1)对于通信线路测试，检测是否有接地、短路、断路等故障。

(2)在站控室人机界面观察火炬长明灯的状态，长明灯熄火是否有报警信息，在SCADA系统显示内容是否与现场一致。

2.13 井口控制系统调试

2.13.1 调试前具备的条件

(1)关闭井下安全阀大四通旁的液控管线针阀，使井下安全阀处于关闭状态。

(2)用堵头封堵地面安全阀液压控制管线，使地面安全阀处于关闭状态。

(3)停止井口安全控制系统运行，将系统内的压力全部泄放至0psi(1psi = 6894.76Pa)。

(4)打开排污球阀，将油箱内的所有存油排放至废油回收桶内。

(5)将准备好的优质液压油利用加油工具从油箱加油口加至液控柜油箱，将残留的液压油置换出来以后，关闭排污球阀。

(6)将液压油缓慢抽入油箱，直到油位达到油箱的2/3时停止加注。

(7)更换液压油工作完毕后启动控制系统进行试运行。

2.13.2 通信调试

检查井口压力变送器、温度变送器、地面安全阀、各控制按钮等相关的控制线路，通过发送模拟信号的方式一一确认。

在站控室人机界面确定观察井下、地面安全阀的开关状态、油管压力与温度，套管压力与温度在SCADA系统显示内容是否与现场一致，是否可以通过站控系统向井下、地面安全阀发出关断信号，并测试向井下、地面安全阀发出关断信号后是否正常关断。

2.13.3 控制功能调试

1)就地关断、打开测试

(1)井口安全阀的打开：在井口控制柜上开启地面安全阀和井下安全阀，地面液控压力表压力应为3000～4000psi(约为20.68～27.58MPa)，井下液控压力表压力应为6000～8000psi(约为41.369～55.158MPa)，如果达不到此压力值，使用手动泵增压到所需压力。同时在带压的情况下对井口控制柜内的液压控制管线和设备进行检查，调整调压阀和溢流阀等阀门的设置值。对液压控制管线存在的漏点进行紧固。

(2)地面安全阀的关闭：在井口控制柜上按下地面安全阀关闭按钮，地面液控压力立刻下降为0MPa，此时地面安全阀关闭。

(3)井下安全阀的关闭：再次打开地面安全阀，在井口控制柜上按下井下安全阀关闭按钮，地面液控压力和井下液控压力立刻下降为0MPa，此时地面和井下安全阀都关闭。

(4)井口控制柜急停按钮测试：打开地面安全阀和井下安全阀，在井口控制柜上按下急停按钮，地面液控压力和井下液控压力立刻下降为0MPa，此时地面和井下安全阀都关闭。

2)远程关断测试

打开地面安全阀和井下安全阀，分别对手操台、人机界面触发关断信号，如果地面和井下安全阀都发生相应的动作，则说明远程关断功能正常，反之就需要查找问题原因并进行整改。

在关断功能测试完毕之后，打开井下安全阀大四通旁的液控管线针阀，连接地面安全阀液压控制管线，是井口控制柜能正常控制地面安全阀。

3 酸气场站氮气联调

3.1 概述

3.1.1 联调目的

(1)通过联调摸索出集气站各级压力控制调节情况。

(2)考核设备、管材、密封件等在高压氮气环境下的密封效果。

(3)考核自控系统在氮气环境下的运行状况，就地示值与远传示值是否一致，自控部分联锁、紧急关断是否正常。

(4)对控制、辅助系统、火气系统、各单体设备等集气站系统在负荷条件下实现联动，检查系统的运行状况。

(5)考核机泵的运行状况。

(6)考核 SCADA 系统在负荷条件下的运行状况。

(7)验证管道设备在氮气气密试验中的气密性。

(8)在试运期间发现运行状况出现异常时，由施工单位和供货商对发现的问题进行整改。

3.1.2 联调进度的安排原则

由于地面集输工程联调项目多，影响进度控制的因素多且易变，联调进度控制较为复杂且不易有效把握。为了达到在试运联调中科学组织、运筹帷幄、有效协调，实现场站氮气联调一次成功的目的，做好联调进度安排工作非常重要。

(1)在安全环保方面要求做到联调步步有安全环保措施、事事有安全环保检查，安全环保设施先于生产设备的投用。

(2)做好每个阶段的衔接工作。在实施过程中加强协作，对每个环节进行充分讨论，不遗漏任何可能发生的问题。

(3)集输系统生产试运行要“全”，时间要有充分保证，为以后集输系统安全生产打好基础。

3.1.3 联调时间计划

在单体调试问题消项完成后进行氮气联调工作，××场站氮气联调时间为：××年××月××日—××年××月××日。

3.2 编制依据及内容

3.2.1 编制依据

主要依据有关国家、行业、企业标准，中国石化集团公司下发文件，参考高酸气田相关技术规范和设备说明书等。

1）标准

(1)《天然气管道试运投产规范》(SY/T 6233—2002)；

(2)《含硫天然气硫化氢与人身安全防护规程》(SY/T 6277—2005)；

(3)《含硫天然气管道安全规程》(SY 6457 - 2000)；

(4)《含硫天然气集气站安全生产规程》(SY 6456—2000)；

(5)《高含硫化氢集气站安全规程》(SY/T 6779—2010)；

(6)《石油天然气管道安全规程》(SY 6186—2007)；

(7)《石油天然气安全规程》(AQ 2012—2007)；

(8)《含硫天然气的油气生产和天然气处理装置作业的推荐作法》(SY/T 6137—2005)；

(9)《石油天然气集输站内工艺管道施工及验收规范》(SY/T0402—2000)；

(10)《自动化仪表工程施工及验收规范》(GB 50093—2002)；

(11)《气井开采技术规程》(SY/T 6125—2006)；

(12)《气藏试采技术规范》(SY/T 6171—1995)；

(13)《信号报警、安全联锁系统设计规定》(HG/T 20511—2000)；

(14)《高含硫化氢气田集输场站工程施工技术方案》(SY 4118—2010)。

2）文件

(1)《中国石化建设项目生产准备与试车管理规定》(中国石化建〔2011〕897 号)；

(2)中国石化油田事业部《××开发方案审查意见》，××年××月；

(3)中国石化发展计划部《××工程地面集输工程基础设计的批复》，××年××月；

(4)中国石油化工股份有限公司天然气工程项目管理部《××气田产能建设总体统筹控制计划》，××年××月；

(5)《中国石油化工股份有限公司建设项目劳动安全、职业卫生、抗震减灾“三同时”管理实施细则》石化股份安〔2007〕488 号；

(6)《××气田集输工程生产准备纲要》，××年××月；

(7)《××地面集输系统总体试运投产方案》，××年××月；

(8)《××地面集输系统总体试运投产实施方案》，××年××月；

3）设计文件

《××地面集输工程》O 版详细设计，××年××月。

4）参照

（1）《高酸性气田气井产出液取样技术规范》（Q/SH 1025 0745—2010）；

（2）《高酸性气田气井油层套管超压泄压技术规范》（Q/SH 1025 0746—2010）；

（3）《高酸性气田含硫化氢天然气取样技术规范》（Q/SH 1025 0747—2010）；

（4）《高酸性气田集输工程自动化系统单体调试规范》（Q/SH 1025 0748—2010）；

（5）《高酸性气田集输场站腐蚀挂片处理技术规范》（Q/SH 1025 0749—2010）。

3.2.2 主要内容

氮气联调方案内容包括概述、工程概况、编制依据及主要内容、施工前具备的条件、物质准备、组织机构及职责、总体思路、实施方案、安全管理措施、风险识别及防范措施等。

3.3 施工前具备的条件

为了更好地实现氮气联调，为酸气联调和投产打好基础，施工前应具备以下条件：

（1）站场建设“三查四定”问题全部销项，中交验收完成且无遗留问题。

（2）设备、设施、阀门等完成维护并确认能满足各项操作要求，安全附属设施完好并通过校检，工艺流程检测、试压、空气吹扫完成。

（3）电力系统调试完成，站场供电系统正常运转。

（4）通信系统调试完成，通信线路畅通，数据传输正常。

（5）现场仪表正常工作，自控系统调试完成，数据采集正常，满足远程控制和 ESD 紧急关断要求。

（6）氮气施工气源准备完成、制氮设备已经调试完成，达到供气条件，且完成注入口连接。

（7）场站氮气置换、气密、联调参与人员、设备、机具就位。

（8）保运队伍到位，保运措施已经落实。

（9）安全防护设备到位，措施已落实，并通过 HSE 组检查验收合格。

（10）燃料气气源供应稳定。

（11）氮气联调方案已经审查完毕，各项检查确认表、记录表已经完成审核。

（12）检测仪器已配置到位。

（13）风险识别及防范措施管理落实到位。

3.4 物质准备

开关指示牌、含氧量检测仪 1 个、手摇报警装置 1 台、防爆对讲机 5 部、验漏喷壶 6 个、毛刷、小桶、记号笔、试验记录等、肥皂（发泡剂）、氮气联调方案（签字版）、联调相关记录表。

3.5　总体思路

氮气联调主要分为吹扫、置换、气密、联调、逻辑测试5个主要工序，调试过程记录填入表3-1中，问题整改记录填入表3-2中。

表3-1　××场站氮气联调过程记录表

调试项目：	记录人：	时间：
(1)调试内容：		
(2)调试过程描述：		
(3)调试中存在的问题及现场处理情况：		

表3-2　××场站氮气联调问题整改记录表

序号	发现时间	区域	问题描述	整改措施	整改时间	整改人	确认人	备注
1		水套炉	水套加热炉进口压力变送器PIT04201仪表法兰及双公接头螺纹损坏	更换仪表法兰及双公				
2		甲醇	甲醇加注橇的磁力驱动泵动力器盒中接触器和热继电器烧坏	更换接触器和热继电器				
3		生产分离器	生产分离器顶部变送器PIT04302仪表阀渗漏	紧固				
4			生产分离器顶部磁翻板液位计顶部渗漏	紧固				
5		发球筒	发球筒第一个球阀FQ-1上法兰渗漏	紧固				
6	……							

3.5.1 吹扫

利用液氮气吹扫流程内残留的杂质，使管道内部保持清洁。

3.5.2 置换

在置换前对酸液缓冲罐排液、火炬分液罐、甲醇加注橇、缓蚀剂加注橇进行注水(注水之前必须进行水洗1~2次)，进行酸液缓冲罐、火炬分液罐、甲醇加注橇、缓蚀剂加注橇排液系统的调试。

单场站氮气置换时，从井口燃料气临时吹扫口加注氮气，以压力为0.2~0.3MPa、流速不大于5m/s的标准，依次对井口分酸分离器、水套加热炉、多相流计量橇、火炬分液罐、酸液缓冲罐和各橇块放空管线氮气置换，并在分酸分离器、酸液缓冲罐、水套加热炉、多相流计量橇、火炬分液罐各橇上设置监测点，逐一检测氧含量1min1次，若连续3次检测氧含量均小于2%，说明氮气置换合格。

3.5.3 气密

(1)利用氮气进行气密试验，从井口开始沿生产时的气流方向进行分段试压。

(2)井口至笼套式节流阀至二级节流阀作为第一段，气密压力××MPa；二级节流阀至水套炉三级节流阀作为第二段，气密压力××MPa；二级节流阀后至出站管线作为第三段，气密压力××MPa。具体的气密压力值要根据设计资料和现场设备的承压情况来定。

(3)燃料气系统、放空系统(各放空口至火炬分液罐)、排污系统单独试压，气密压力××MPa。

3.5.4 联调

向工艺流程注入高压氮气和水进行联调测试：

(1)带压状态下各设备是否正常运转。

(2)就地显示与远传仪表数据是否正常。

(3)电动阀门是否能正常工作，ESD阀能否在存在压差或带压的情况下实现打开和关断。

(4)各橇装设备的排污系统是否正常工作。

(5)排污系统的水能否实现加压外输，流量数据和流量调节能否正常工作。

3.5.5 逻辑测试

对压力连锁控制、液位连锁控制、逻辑关断等一一进行测试。

3.6 流程确认

不同的操作工序需要不同的流程，在每道工序变化之前都需要严格按照方案和阀门状态确认表(见表3-3)对流程进行重新确认，主要是对工艺阀门、自控阀门、仪表根部阀、仪表的工作状态、盲板状态进行确认。

3.6.1 确认要求

(1)阀门确认表要与现场实际工艺流程相吻合，避免理论脱离实际。

(2)要按照阀门状态确认表，逐个确认，避免确认过程出现遗漏。

(3)确认过程中一人操作、一人确认。

(4)确认过程需要活动一下阀门，弄清阀门的真实状态，杜绝凭经验臆断。

(5)确认完毕后挂阀门状态指示牌、盲板牌等指示标志。

3.6.2 确认顺序

首先确认主工艺流程，然后确认辅助工艺流程，即井口区→井口分离器区→加热炉区→计量橇区→外输区→收发球筒区→火炬分液灌区→酸液缓冲罐区→甲醇橇区→缓蚀剂橇区→火炬区。

3.6.3 阀门状态确认表

××场站氮气联调阀门状态确认表见表3-3。

表3-3 ××场站氮气联调阀门状态确认表

序号	区域	阀门说明	阀门编号	阀门状态	操作人	确认人
1	集输管线及出站管线	原料气进多相流计量橇闸阀	LC－1	开		
2		原料气出多相流计量橇闸阀	LC－2	开		
3		多相流计量橇原料气旁通闸阀	LC－3	关		
4		原料气去外输管线上ESDV	LC－4	开		
5		加热炉与多相流计量橇块之间放空旁通上截止阀	LC－F4	关		
6	……					

3.7 氮气吹扫

3.7.1 吹扫施工要求

吹扫主要是清除施工过程中流程管道和压力容器内的杂质，避免投产后堵塞流程、冲蚀设备内壁、损害阀门密封面。吹扫要进行分段吹扫，主要是先打开压力容器的排污系统(有排污旁通的一并打开)，将残留的杂质吹扫至污水缓冲罐或者火炬分液罐，再统一从污水缓冲罐或者火炬分液罐排污口排出。

3.7.2 吹扫施工

(1)如遇安装有过滤器的管道，则需关闭过滤器上下游阀门，打开旁通阀。

(2)准备好液氮及泵车并完成调试。

(3)拆除井口燃料气吹扫口管线，从井口燃料气吹扫口注入氮气。

(4)导通发球筒，将杂质吹扫至火炬分液罐集中。

(5)首先打开火炬分液罐罐底排污阀，然后打开井口紧急放空管线旁通、多相流计量橇放空旁通、酸液缓冲罐旁通进行吹扫，将杂质集中到火炬分液罐，完毕后关闭放空旁通。

3.7.3 吹扫检测

在放空口对吹扫情况进行检测，在排气口设置贴有白布或涂白漆的木制靶板进行检验，吹扫5min后靶板上应无铁锈、尘土、水分及其他杂物即为合格。

3.8 氮气置换

3.8.1 氮气置换要求

场站氮气置换在井口一级节流阀后燃料气吹扫口处注入氮气，分别经过井口分酸分离器、酸液缓冲罐、水套炉、多相流计量橇，在酸气出站(收/发球筒)放空管线经火炬分液罐进入火炬进行放空，流速不大于5m/s；并设置6个氧含量检测点(见表3-4)，连续检测3次，每次间隔2min，若3次检测氧含量均小于2%，说明置换合格。

3.8.2 检测记录表

××场站氮气置换检测结果记录表见表3-4。

表3-4　××场站氮气置换检测结果记录表

序号	检测位置	氧含量检测结果	检测人	备注
1	井口分离器罐顶压力表放空			
2	酸液缓冲罐罐顶压力表放空口处			
3	水套炉三级节流后压力表放空			
4	多相流计量分离橇罐顶压力表放空口处			
5	低压BDV压力表放空口处			
6	火炬分液罐罐体压力表放空口处			
7		……		

3.9 氮气气密

3.9.1 气密施工要求

1)气密检查的重点部位

(1)各法兰、阀门连接处(包括阀门盘根、各种液位计和压力表接头、导管、放空阀等)。

(2)所有拆除过的配管管线阀门、法兰和仪表部件。

(3)没有做强度试验的部分。

(4)所有补修过的部位。

(5)所有机泵、设备的进出口、人孔、手孔法兰部位。

(6)检查主要阀门的内漏情况，如调节阀、系统向火炬放空阀，高低压界区的连接阀。

(7)检查安插盲板处的泄漏情况。

(8)所有仪表及仪表阀组丝扣或法兰连接处。

2)气密泄漏的记录与标注要求

(1)气密试验过程中，在做好气密泄漏记录的同时，要做好现场的标识。记录在每一阶段升压过程中发现的泄漏点具体位置及泄漏基本情况以及整改情况。

(2)将在气密施工过程中出现的泄漏点整改并在现场进行位置标注，作为投产期间及投产后重点检查和关注的对象。

3)气密检查方法

(1)通过喷验漏液检查漏点，验漏液主要考虑肥皂水，洗涤剂溶液。验漏时，喷好验漏液观察是否存在泄漏的时间不得低于30s。

(2)阀门动静密封点验漏时对阀门进行开关活动，确保阀门在活动时也不泄漏。

4)泄漏程度的判断与处理

(1)密封部位的泄漏程度有很大差别，为了便于检查和记录，对泄漏程度有一个统一的判断，将泄漏分成气泡和气沫两个等级。备注：气泡出现较快的(每分钟超过10个)是严重、较慢的(每分钟不超过10个)是一般；气沫是指相对较小的气泡，气沫在15s内能观察到的是严重；15～30s观察到的是轻微；30s以上才能观察到的是极其轻微。泄漏部位有点状的，有段状的，也有整圈的，都应记录清楚。

(2)根据泄漏的部位及程度，可以判断出产生泄漏的原因，从而采取相应处理泄漏的方法。

(3)首先对泄漏点的地方做好记号，同时记录，然后整改再进行试验，直到消除漏点。

(4)对泄漏点的处理应在泄压后进行，管道载压时不准紧固、拆卸螺栓和锤击敲打。压力试验过程中若有泄漏，不得带压检修，待缺陷消除后应重新试验。

3.9.2 气密思路

考虑安全因素，每一个压力等级分成3～4个压力梯度进行，由低到高。下面以井口笼套式节流阀至二级节流阀气密最高设计压力40MPa、二级节流阀至水套炉三级节流阀气密最高设计压力20MPa、三级节流阀后至出站ESDV气密最高设计压力9.6MPa为例介绍气密思路。

(1)主流程3MPa气密。

(2)放空系统0.38MPa、1.0MPa气密。

(3)一级节流至二级节流段管道13MPa、26MPa、38MPa、40MPa气密。

（4）二级节流至三级节流段管道6MPa、12MPa、18MPa、20MPa气密。

（5）三级节流至外输段管道6MPa、8.9MPa、9.6MPa气密。

3.9.3 主流程3MPa气密

（1）关闭主流程放空、排污，特别注意要截断与主流程设计压力不一致的部分。

（2）导通井口燃料气吹扫镍基球阀使气流流向至出站的主流程。开启各级安全阀前后阀门，关闭放空阀门，吹扫阀门，排污阀门以及其他旁通阀门。

（3）从井口燃料气管线镍基阀处注入氮气升压至3.0MPa，稳压30min，稳压过程中对主流程全部阀门、仪器仪表进行验漏，同时检查各仪表的工作情况。

（4）如气密过程中发现问题，记录并整改问题后通过放空系统泄压，泄压整改后再次试压，压力无下降、各动静密封点无泄漏即为合格。

3.9.4 放空系统气密

（1）将火炬分液罐出气口“8”字盲板调整到盲断状态。

（2）关闭所有排污阀门及放空阀门。

（3）打开低压BDV旁通阀门，通过控制节流截止阀对放空系统升压，由于酸液缓冲罐安全阀起跳压力为0.38MPa，先将压力缓慢升至0.38MPa，稳压10min，对酸液缓冲罐安全阀上下游法兰及上下游闸阀的法兰进行验漏。检查合格后关闭酸液缓冲罐安全阀上下游阀门，关闭主流程上所有安全阀下游阀门，防止安全阀反向超压损坏。

（4）继续缓慢升压至气密试验压力1.0MPa，稳压30min，对各放空、排污管线、法兰、阀门进行气密验漏。检查系统压力无下降、各动静密封点无泄漏即为合格。

（5）试压完成后，缓慢打开火炬分液罐排污阀门进行就地泄压，压力完全泄尽后，将火炬分液罐的“8”字盲板调整至导通状态。

3.9.5 主流程升压气密

（1）关闭二级节流阀，从井口燃料气管线镍基阀处注入氮气，将一级节流后升压至13MPa，稳压10min，对一级节流阀至二级节流阀之间的管段、仪表、法兰、阀门进行检查验漏。再无问题后继续升压至26MPa，稳压10min，再次对一级节流阀至二级节流阀之间的管段、仪表、法兰、阀门进行检查验漏。再无问题后继续升压40MPa，稳压30min，最后对一级节流阀至二级节流阀之间的管段、仪表、法兰、阀门进行检查验漏。汇总记录好发现的问题，通过放空系统泄压，泄压整改后再次试压，直至合格，同时在进行40MPa试压时要测试该段甲醇加注泵的工作性能。

（2）关闭三级节流阀，缓慢打开二级节流阀，对二级至三级节流阀之间进行升压，压力分别升至6MPa、12MPa、18MPa，稳压10min，最后升压至20MPa，稳压30min，稳压期间对二级节流阀至三级节流阀之间的管段、仪表、法兰、阀门进行检查验漏，汇总记录好发现的问题，通过放空系统泄压，泄压整改后再次试压，直至合格。在进行18MPa试压之后，为防止安全阀起跳，要将该段所有安全阀上游阀门关闭，同时再进行 9.6MPa 试压时要测试该段缓蚀剂加注泵的工作性能。

(3)打开三级节流阀，对三级节流后流程进行升压，压力分别升至 6MPa、8.9MPa，关闭三级节流阀稳压 10min，最后升压至 9.6MPa，稳压 30min。稳压期间对二级节流阀至三级节流阀之间的管段、仪表、法兰、阀门进行检查验漏，汇总记录好发现的问题，通过放空系统泄压，泄压整改后再次试压，直至合格。在进行 8.9MPa 试压之后，为防止安全阀起跳，要将该段所有的安全阀上游阀门关闭，同时在进行 9.6MPa 试压时要测试该段甲醇加注泵和缓蚀剂加注泵的工作性能。

3.9.6 阀门内漏检查

氮气气密完成后，关闭主流程上各阀门，从末端开始逐渐打开对主流程阀门进行内漏检测，阀门下游流程放空后稳压 30min，观测阀门上游流程上的压力仪表，压降小于 1%为合格。对存在内漏的阀门进行登记，泄压完成后进行阀门内漏整改。

3.10 系统联调

3.10.1 液位控制联锁

在氮气气密结束后，对站内所有液位控制联锁进行验证，考验液位控制联锁是否能在带压状态下正常联锁。站内液位控制联锁主要包括：①酸液缓冲罐液位低低联锁酸液缓冲罐液相 ESDV 阀全关，酸液缓冲罐液相 LV 阀根据液位自动联锁全开或者全关；②生产分离器液位低低联锁生产分离器液相 ESDV 阀全关，生产分离器液相 LV 阀根据液位自动联锁全开或全关；③多相流橇块液位低低联锁多相流液相 ESDV 阀全关，其液相 LV 根据液位自动联锁全开或全关；④火炬分液罐液位高高自动启动罐底泵，液位低低自动停罐底泵。

通过信号发生器给酸液缓冲罐进 SIS 系统的液位变送器(LIT)触点输送“4～20mA”电流信号，模拟酸液缓冲罐液位低低，观测其液相 ESDV 是否能自动联锁，若能正常联锁，再通过信号发生器给定信号模拟正常液位，按下手操台复位键，观测 ESDV 是否能正常复位。若 ESDV 能够在模拟液位信号下正常联锁，正常复位，表示该项液位控制联锁满足要求。通过信号发生器给酸液缓冲罐进入 PCS 系统的液位变送器(LIT)触点输送“4～20mA”电流信号，模拟所设定的 LV 阀液位控制值，观测在模拟液位达到 LV 阀开阀控制值时，是否联锁 LV 阀全开，在模拟液位达到 LV 关阀控制值时，是否联锁 LV 阀全关。

通过信号发生器给生产分离器进 SIS 系统的液位变送器(LIT)触点输送“4～20mA”电流信号，模拟生产分离器液位低低，观测生产分离器液相 ESDV 是否能自动联锁，若能正常联锁，再通过信号发生器给定模拟正常液位后对其进行复位，观测 ESDV 是否能正常复位。若生产分离器ESDV能够在模拟液位信号下正常联锁，正常复位，表示该项液位控制联锁满足要求。再通过信号发生器给生产分离器进入PCS系统的液位变送器(LIT)触点输送“4～20mA”电流信号，模拟所设定的LV阀液位控制值，观测在模拟液位达到LV阀开阀控制值时，是否联锁LV阀全开，在模拟液位达到LV关阀控制值时，是否联锁LV阀全关。

通过信号发生器给多相流橇块联锁ESDV阀的液位变送器(LIT)触点输送“4～20mA”电流信号，模拟多相流橇块液位低低，观测多相流橇块液相ESDV是否能自动联锁，若能正常联锁，再通过信号发生器给定模拟正常液位后对其进行复位，观测ESDV是否能正常复位。若多相流橇块ESDV能够在模拟液位信号下正常联锁，正常复位，表示该项液位控制联锁满足要求。再通过信号发生器给多相流橇块联锁其LV阀的液位变送器(LIT)触点输送“4～20mA”电流信号，模拟所设定的LV阀液位控制值，观测在模拟液位达到LV阀开阀控制值时，是否联锁LV阀全开，在模拟液位达到LV关阀控制值时，是否联锁LV阀全关。

通过信号发生器给火炬分液罐液位变送器(LIT)触点输送“4～20mA”信号模拟火炬分液罐液位。观测模拟液位达到液位高高时是否联锁罐底泵启动，模拟液位达到液位低低时是否联锁罐底泵停止。若能正常联锁，表示该项液位控制符合要求。

液位控制联锁的测试过程中，填写相应测试表格(见表3-5)。需要指出的是，如果外部条件允许(如时间与物资条件)，可以采用真实液位信号进行测试。

表3-5　××场站仪器仪表逻辑联锁测试记录表

序号	触发条件	联锁/控制内容	现场联锁/控制情况	现场确认人	站控室确认人	备　注
1	井口压力PIT-××101高高报40MPa	ESD-3级关断和井口放空阀放空				
2	井口压力PIT-××101低低报5-6MPa	ESD-3级关断				
3	外输管线PIT-××401低低报5.6MPa	ESD-3级关断				
4	外输管线PIT-××401高高报9.6MPa	ESD-3级关断				
5	分酸分离器液位LIT-××202低低报300mm	联锁液相出口ESDV-××202阀关				
6	分酸分离器液位LIT-××203低报200mm	关LV-××201，当液位达到SP值时恢复PID调节				

续表

序号	触发条件	联锁/控制内容	现场联锁/控制情况	现场确认人	站控室确认人	备 注
7	分酸分离器液位 LIT－××203 高报 850mm	全开 LV－××201				
8	多相流计量橇液位 LIT－××301 低低报 300mm	关 LV－××301，当液位达到 SP 值时恢复 PID 调节；气相 PV 阀全开				
9	加热炉燃料气管线 PSH 压力高报警 120kPa	关闭 ESDV－××201				
10	加热炉燃料气管线 PSH 压力低报警 30kPa	关闭 ESDV－××201				
11	……					

3.10.2 压力控制联锁

在氮气气密结束后，对站内所有压力控制联锁进行验证，考验压力控制联锁是否能在带压状态下正常联锁。站内压力控制联锁主要包括：①井口压力高高联锁场站 ESD-3 关断，井口压力低低联锁场站 ESD-3 关断；②出站压力高高或压力低低联锁场站 ESD-3 关断；③过站压力低低联锁过站 ESDV 阀关闭；④多相流气相 PV 阀根据多相流橇内压力自动调节开度。

测试井口压力高高联锁时，通过信号发生器给井口压力变送器(PIT)“4～20mA”信号模拟井口压力高高，测试是否联锁 ESD-3 关断，以井口 BDV 电磁阀是否掉电判断 BDV 是否起跳。检查联锁结果后，恢复正常压力值，进行复位，检测是否能正常复位。若能正常联锁与复位，表示该项压力联锁控制符合要求，测试完成后取消井口 BDV 的就地屏蔽。测试井口压力低低联锁时，用信号发生器给井口压力变送器(PIT)“4～20mA”信号模拟井口压力低低，测试是否联锁ESD-3关断，检查确认联锁结果后，恢复正常压力值进行复位，检查是否能正常复位。若能正常联锁与复位，表示该项压力联锁控制符合要求。

测试出站压力高高联锁时，通过信号发生器给出站压力变送器(PIT)“4～20mA”信号模拟出站压力高高，测试是否联锁 ESD-3 关断，检查联锁结果后，恢复正常压力值，进行复位，检测是否能正常复位。若能正常联锁与复位，表示该项压力联锁控制符合要求。测试出站压力低低联锁时，用信号发生器给出站压力变送器(PIT)“4～20mA”信号模拟出站压力低低，测试是否联锁 ESD-3 关断，检查确认联锁结果后，恢复正常压力值进行复位，检查是否能正常复位。若能正常联锁与复位，表示该项压力联锁控制符合要求。

测试过站压力低低联锁过站 ESDV 阀关闭时，通过信号发生器给过站压力变送器(PIT)“4～20mA”信号模拟过站压力低低，测试是否联锁 ESDV 阀关闭，检查联锁结果后，恢复正常压力值，进行复位，检测是否能正常复位。若能正常联锁与复位，表示该项压力联锁控制符合要求。

测试多相流 PV 阀联锁控制时，通过信号发生器给多相流橇体压力变送器(PIT)“4～20mA”信号模拟压力值，分别给定 8mA、12mA、16mA，观测 PV 阀是否随着信号的变化自动调节开度，若能自动调节，表示该项压力联锁控制符合要求。

压力控制联锁的测试过程中，填写相应测试表格(见表 3-5)。需要指出的是，如果外部条件允许(如时间与物资条件)，可以采用真实压力信号进行测试，用真实压力测试时需要规避相应风险。

3.10.3 逻辑关断联锁

在氮气气密结束后，对站内所有逻辑关断联锁进行验证，考验逻辑关断联锁是否能在带压状态下正常联锁。站内逻辑关断联锁主要包括：①井口压力高高联锁场站 ESD-3 关断，井口压力低低联锁场站 ESD-3 关断(在压力控制联锁测试时已完成测试)；②出站压力高高或压力低低联锁场站 ESD-3 关断(在压力控制联锁测试时已完成测试)；③过站压力低低联锁过站 ESDV 阀关闭(在压力控制联锁测试时已完成测试)；④逃生门 ASB 按钮按下联锁场站泄压关断；⑤手操台 ESD-3 关断按钮联锁场站 ESD-3 关断；⑥手操台放空关断按钮联锁场站泄压关断；⑦手操台关井按钮联锁场站 ESD-3 关断同时联锁井下安全阀关闭；⑧站内同一区域硫化氢与可燃气体探头大于等于两个高高报警联锁 ESD-3 关断；⑨测试相应按钮是否能联锁对应的关断，每测试一个按钮，可仔细对照联锁结果是否符合设计要求，在测试泄压关断联锁时，需要将 BDV 做就地屏蔽，只观测 BDV 电磁阀是否掉电，不让氮气真实放空。

测试同一区域硫化氢与可燃气体探头大于等于两个高高报警联锁 ESD-3 关断时，利用信号发生器给同一区域的两个火气探头“4～20mA”电信号模拟硫化氢气体与可燃气体高高报警，测试是否能正常联锁场站 ESD-3 关断，检查联锁结果后，恢复火气探头正常值，进行复位，检测是否能正常复位。若能正常联锁与复位，表示该项关断联锁符合要求。

逻辑关断联锁的测试过程中，填写相应测试表格(见表 3-6)，内容所属部位，调试项目、联锁内容、是否正常联锁、测试人、确认人等。

表 3-6　××场站逻辑关断联锁测试记录表

序号	部位	调试项目	联锁内容	联锁结果	测试人	确认人	备注
1	站场 ESD-3 级关断	站场大门手动 ESD-3 级按钮 ASB-××801、ASB-××802、ASB-××803 触发三级关断	要求：站控室 MMI 报警开启				
2			要求：ESD-3 启动 PA/GA 开				
3			要求：ESD-3 手操台指示灯亮				
4			要求：放空手操台指示灯亮				
5			要求：手操台蜂鸣器报警				
6	……						

3.11 安全管理措施

3.11.1 注氮施工现场安全管理措施

(1)施工现场应设警戒线，有明显警戒标志，与施工无关人员严禁入内。现场工作人员，应佩戴标志，在现场10m范围内布置警戒区。

(2)施工作业人员进入现场前，必须进行安全培训、硫化氢防护的培训、技术和任务交底，并明确各自职责；服从指挥，听从分配，不违章指挥，不违章操作。

(3)现场所有人员严禁吸烟，不得将火种带入现场。

(4)在进行氮气气密性试压过程中，置换作业范围10m内，非操作人员不得进入。

(5)液氮为低温液体，接触液氮时应进行有效防护。眼睛防护：接触液氮环境应戴面罩。身体防护：低温工作区应穿防寒服。手防护：低温环境戴棉手套，施工时严禁用手触摸液氮低温管线，严格检漏防止液氮流出冻伤；施工时工作区内严禁人员乱走动，更不允许乱动或敲击工作中的设备、管线等。

(6)保持现场通风，防止液氮大量泄漏造成缺氧窒息。

(7)施工人员必须穿好工作服，戴好安全帽及防护手套。

(8)检漏时若发现液氮泵或管线有漏点，要等到设备恢复到常温时再进行紧固或维修，禁止低温状态下拆卸液氮泵体或管线。

(9)施工完毕拆除注氮设备、管线时，首先要把注氮连接口阀门关闭，设备、管线中的压力(表压)降到零时才能拆除，严禁带压施工。

(10)在装卸设备过程中，严格按照设备吊装的安全操作规程进行操作；吊装设备时，起吊或卸货动作要平稳，要有专人指挥，要有安全监督员在场监督，杜绝违章作业。

(11)施工过程中需接临时电源时，由电工接通或撤除，并有专人监护，严禁私自乱拉、乱接、电源线；设备检查或维修时，要先断掉电源线然后再维修，严禁带电作业。

3.11.2 注氮施工现场环境保护措施

(1)认真贯彻执行国家和地方环境保护法规，并教育职工自觉遵守环保、环境卫生管理条例，做文明职工。施工现场严格落实环境保洁责任制，严禁在随地丢弃生活垃圾等。

(2)施工现场的垃圾要集中管理，分类存放，统一回收。施工完成后要统一运送到指定的垃圾处理场所。

(3)施工时所用燃料、润滑油料等可能污染环境的材料应保持在合适的容器中，并放在指定地点以免意外泄漏。

(4)施工现场设备布局要合理，在保证施工安全和操作的前提下，应尽量集中在一个地方运行，以减少对施工场地的损害。

(5)氮气虽然无毒，但有可能导致窒息，排放时要远离人员集中的地方，液氮是低温液体，施工时要防止液氮大量外泻，以免冻坏植被、地面等。

(6)对现场周边树木、草地绿化要妥善保护，未经绿化主管部门批准，不准乱砍乱伐移植树木或破坏草地。

(7)在施工完毕后，要对施工现场统一进行清扫和恢复，并经业主验收合格后方可撤离。

3.12 风险识别和防护措施

3.12.1 机械伤害

1)异常发现

作业人员在作业过程中发现有人员受到工具等机械碰撞导致受伤。

2)原因分析

(1)作业空间狭小。

(2)作业人员相互碰撞。

(3)作业人员站位错误。

3)危害分析

造成人员伤亡。

4)消减或预防措施

(1)对受伤人员立即进行伤口处理，情况严重的立即拨打“120”急救。

(2)进入现场要严格劳保穿戴。

(3)严禁野蛮作业。

3.12.2 物体打击

1)异常发现

作业人员在作业过程中发现有人员受到设备、工具或其他物品碰撞导致受伤。

2)原因分析

(1)作业空间狭小。

(2)作业人员相互碰撞。

(3)作业人员站位错误。

3)危害分析

造成人员伤亡。

4)消减或预防措施

(1)对受伤人员立即进行伤口处理，情况严重的立即拨打“120”急救。

(2)进入现场要严格劳保穿戴。

(3)严禁野蛮作业。

3.12.3 触电

1）异常发现

作业人员在用电过程中发现有人员触电导致受伤。

2）原因分析

（1）用电人员未戴绝缘手套。

（2）电线破损。

3）危害分析

造成人员伤亡。

4）消减或预防措施

（1）立即切断电源。

（2）对受伤人员立即进行处理，情况严重的立即拨打“120”急救。

（3）进入现场要严格劳保穿戴，戴绝缘手套。

（4）严禁违章作业。

3.12.4 高空坠落

1）异常发现

作业人员在作业过程中发现有人员从高处坠落。

2）原因分析

作业人员未系安全带。

3）危害分析

造成人员伤亡

4）消减或预防措施

（1）对受伤人员立即进行伤口处理，情况严重的立即拨打“120”急救。

（2）进入现场要严格劳保穿戴，系好安全带。

（3）严禁野蛮作业。

3.12.5 冻伤

1）异常发现

作业人员在作业过程中发现有人员被冻伤。

2）原因分析

作业人员在无保护措施的情况下去氮气车附近作业。

3）危害分析

造成人员伤亡。

4）消减或预防措施

（1）对受伤人员立即进行伤口处理，情况严重的立即拨打“120”急救。

(2)进入现场要严格劳保穿戴。

(3)在氮气车附近设置警戒带，无关人员严禁靠近。

3.12.6 噪声

1)异常发现

作业人员在氮气放空过程中产生噪声。

2)原因分析

作业人员进行放空时阀门开度过大。

3)危害分析

造成人员伤亡。

4)消减或预防措施

(1)对周围人员进行疏散，对受伤人员立即进行处理，情况严重的立即拨打“120”急救。

(2)控制氮气放空气流，放空作业人员佩戴耳塞。

3.12.7 自然灾害

1)异常发现

(1)施工作业过程时是恶劣雨雪天气。

(2)雷雨、沙尘天气影响施工作业。

2)原因分析

在恶劣天气进行野蛮施工。

3)危害分析

作业人员因雨雪天气而导致滑倒、冻伤或其他结果。

4)消减或预防措施

对受伤人员进行处理，严重情况下应立即将伤员送往医院进行救护；恶劣天气条件下应停止施工。

3.12.8 环境污染

1)异常发现

施工作业中乱排乱放污染环境。

2)原因分析

施工人员随地乱排乱放。

3)危害分析

污染环境，造成人员伤害。

4)消减或预防措施

切断污染源，为污染进行处理。

3.12.9 人员窒息

1)异常发现

施工作业中发现作业人员出现面色苍白、口唇发绀等窒息症状。

2)原因分析

氮气放空时氮气释放量过大或作业时氮气泄漏导致氧气不足。

3)危害分析

造成人员伤亡。

4)消减或预防措施

(1)将窒息人员迅速撤离到安全地带，采取有效救助措施。

(2)合理控制氮气放空量，在可能发生窒息的作业区域进行强制通风。

3.12.10 爆炸伤害

1)异常发现

施工作业中管线或设备超压爆炸导致人员伤亡。

2)原因分析

阀门内漏导致管线或设备超压。

3)危害分析

造成人员伤害。

4)消减或预防措施

做好阀门验漏工作，严格按照作业方案操作。

4　酸气场站酸气联调

4.1　概述

4.1.1　联调目的

(1)通过联调摸索出场站各级压力调节情况。

(2)考核设备、管材、密封件等在高压高含硫化氢环境下的密封效果。

(3)验证仪器仪表在酸气环境下运行是否正常。

(4)考核自控系统在酸气环境下的运行状况，就地示值与远传示值是否一致，自控部分联锁、紧急关断是否正常。

(5)考核场站工艺路线的可靠性和安全性。

(6)考核场站主要工艺设备橇块在不同配产制度下的性能指标。

(7)培养人才，使参调人员熟悉酸调程序和问题处理方法，为后续场站酸调和投产后日常运行奠定人才基础。

4.1.2　联调进度的安排原则及计划

由于地面集输工程联调项目多，影响进度控制的因素多且易变，联调进度控制较为复杂且不易有效把握。为了达到在试运联调中科学组织、运筹帷幄、有效协调，实现场站酸气联调一次成功的目的，做好联调进度安排工作非常重要。

(1)在安全环保方面要求做到联调步步有安全环保措施、事事有安全环保检查，安全环保设施先于生产设备的投用。

(2)做好每个阶段工作的衔接。在实施过程中加强协作，对每个环节进行充分讨论，不遗漏任何可能发生的问题。

(3)集输系统生产试运行要“全”，时间要有充分保证，为以后集输系统安全生产打好基础。

4.1.3　联调时间计划

在氮气联调问题消项完成后进行酸气联调工作。酸气联调时间为：××年××月××日—××年××月××日。

4.2 编制依据及内容

4.2.1 编制依据

主要依据有关国家、行业、企业标准，中国石化集团公司下发文件，参考高酸气田相关技术规范和设备说明书等。

1）标准

(1)《天然气管道试运投产规范》(SY/T 6233—2002)；

(2)《含硫天然气硫化氢与人身安全防护规程》(SY/T 6277—2005)；

(3)《含硫天然气管道安全规程》(SY 6457—2000)；

(4)《含硫天然气集气站安全生产规程》(SY 6456—2000)；

(5)《高含硫化氢集气站安全规程》(SY/T 6779—2010)；

(6)《石油天然气管道安全规程》(SY 6186—2007)；

(7)《石油天然气安全规程》(AQ 2012—2007)；

(8)《含硫天然气的油气生产和天然气处理装置作业的推荐作法》(SY/T 6137—2005)；

(9)《石油天然气集输站内工艺管道施工及验收规范》(SY/T 0402—2000)；

(10)《自动化仪表工程施工及验收规范》(GB 50093—2002)；

(11)《气井开采技术规程》(SY/T 6125—2006)；

(12)《气藏试采技术规范》(SY/T 6171—1995)；

(13)《信号报警、安全联锁系统设计规定》(HG/T 20511—2000)；

(14)《高含硫化氢气田集输场站工程施工技术方案》(SY 4118—2010)。

2）文件

(1)《中国石化建设项目生产准备与试车管理规定》(中国石化建〔2011〕897 号)；

(2)中国石化油田事业部《××开发方案审查意见》，××年××月；

(3)中国石化发展计划部《××工程地面集输工程基础设计的批复》，××年××月；

(4)中国石油化工股份有限公司天然气工程项目管理部《××气田产能建设总体统筹控制计划》，××年××月；

(5)《中国石油化工股份有限公司建设项目劳动安全、职业卫生、抗震减灾“三同时”管理实施细则》石化股份安〔2007〕488 号；

(6)《××气田集输工程生产准备纲要》，××年××月；

(7)《××地面集输系统总体试运投产方案》，××年××月；

(8)《××地面集输系统总体试运投产实施方案》，××年××月。

3）设计文件

《××地面集输工程》O 版详细设计，××年××月。

4）参照

（1）《高酸性气田气井产出液取样技术规范》（Q/SH 1025 0745—2010）；

（2）《高酸性气田气井油层套管超压泄压技术规范》（Q/SH 1025 0746—2010）；

（3）《高酸性气田含硫化氢天然气取样技术规范》（Q/SH 1025 0747—2010）；

（4）《高酸性气田集输工程自动化系统单体调试规范》（Q/SH 1025 0748—2010）；

（5）《高酸性气田集输场站腐蚀挂片处理技术规范》（Q/SH 1025 0749—2010）。

4.2.2 主要内容

主要包括工程概况、编制依据及主要内容、组织机构及职责、施工前具备的条件、物质准备、总体思路、流程确认、燃料气吹扫、酸气气密、酸气联调、保压关断测试、泄压关断测试、敏感性试验、完结处置程序、风险识别和防护措施 15 个方面。

4.3 现场人员安排

4.3.1 中心调度室

（1）接受上级领导，贯彻落实上级指示精神和工作部署。

（2）全面负责场站酸气联调工作的指挥、组织和协调，发布试运联调指令，保障试运联调安全。

（3）统筹安排场站酸气联调工作计划、工作目标，考核试运投产中的主要节点和质量。

（4）负责组织协调现场应急抢险的指挥。

（5）信息联络员负责对现场重点操作步骤进行记录、通报外围人员的现场情况。

4.3.2 中心控制室

（1）对火炬燃烧情况进行监控。

（2）负责通过工业电视监控对现场操作人员进行监护。

（3）观测场站远传仪表的参数（温度、压力、液位），观测计量分离器流量传输的数据。

4.3.3 站控室

1）现场指挥

（1）负责发布总指挥下达的酸气联调指令，指挥、协调外围保运力量参与酸气联调工作，发现问题及时处理。

（2）负责酸气联调完成后，指导站控人员手动触发 ESD-3 关断按钮和紧急放空按钮。

（3）负责酸气联调现场指挥工作，根据现场需要与现场操作人员核对相关调试数据。

（4）负责对火炬燃烧情况进行现场监控。

2）成员

（1）活动区域为站控室，负责井口及外输压力低低报加热炉二级节流阀压力低报的取消和恢复。

(2)负责对二级、三级节流阀进行开度预设和远程操控，观测场站远传仪表的参数(温度、压力、液位)，观测计量分离器流量传输的数据，对站内可能出现的报警进行确认，并与现场人员保持联系。

(3)负责填写“××场站酸调过程记录表”、“××场站酸调问题整改记录表”、“××场站酸调阀门状态确认表”、“××场站酸调关断测试表”等。

(4)负责通过工业电视监控对现场操作人员进行监护。

(5)负责对人机界面关断逻辑、自控仪表运行情况进行确认。

(6)负责每30min将酸调主要工作和存在问题汇报给中心调度室。

4.3.4 井口区域及井口控制柜

1)负责人

(1)负责接收和传达上级的操作指令，直接指挥井口区域的现场操作。

(2)负责密切关注井口区域压力、温度等变化情况并及时告知井口操作人员；每5min向站控室汇报井口区域关键数据及开井工作情况。

(3)负责对现场操作人员进行监护。

2)操作人

负责井口控制柜操作、井口阀门开关操作(注意：操作人与监护人距离3~5m)。

4.3.5 外输BDV旁通放空

1)负责人

(1)负责接收和传达上级的操作指令，直接指挥外输BDV旁通区域的现场操作。

(2)负责密切关注放空区域压力变化情况，及时向上级汇报放空区域工作情况。

(3)负责对现场操作人员进行监护。

2)操作人

负责井口及外输BDV旁通手动放空闸阀和截流截止放空阀的操作(注意：操作人与监护人距离3~5m)。

4.3.6 验漏人员

(1)所有操作人员分成2组，2人一组，负责场站管线阀门、各动静密封点的验漏工作，验漏过程中不正对阀门丝杆。

(2)发现漏点及时向现场指挥汇报并做好相关记录。

(3)燃气发电机的启动和电路倒换。

(4)负责在酸气联调时，核对火炬分液罐现场压力、液位值等。

(5)对超声波流量计的观察。

(6)对二/三级节流阀开度确认，出现问题时对加热炉二/三级节流阀进行操作。

(7)维保队伍现场作业监护。

(8)对逻辑关断现场响应情况的确认及复位。

(9)对甲醇、缓蚀剂加注橇机泵进行加注调试。

(10)火炬自动点火不成功，对火炬实现手动点火。

注意：操作人与监护人距离3～5m。

4.4 施工前具备的条件

(1)安全标志牌配备到位。

(2)工程监督环保救援中心应急力量及环境监测部署到位，对场站进行全员、全过程、全方位监护。工程监督环保救援中心根据场站实际情况，进行物资配置：应急救护车、消防车、气防车、强风车、环境监测设施，应急照明、自用空呼气瓶和噪声监测设备。同时开展大气监测，并及时将现场风向和监测结果向现场总指挥汇报。在酸气联调前，工程监督环保救援中心要编写详实的实施方案。

(3)技术资料准备。操作规程、资料台账、运行记录、各级应急预案、管理制度、酸气联调方案全部编制完成，并经相关部门审批通过。

(4)盲板隔离到位。

(5)企地联动应急疏散模式已经建立。HSE组组长兼应急疏散管理员，负责应急状态下的疏散工作，居民按照企地双方共同确定的场站逃生路线和集合点进行疏散。

(6)疏散及告知已完成。已经建立应急广播使用管理规定，在应急预案启动后，开始使用应急广播，对周边群众进行广播告知，以利于稳定民心或统一指挥疏散。疏散范围为场站周边200m，场站和酸气管线告知范围为500m。

4.5 调试准备

4.5.1 消防器材的配备到位

酸气联调时消防器材按设计1.5倍配置，具体见表4-1。

表4-1 场站消防器材配置表

场站	手提式磷酸铵盐干粉灭火器(MF/ABC8)	手提式二氧化碳灭火器MT6	手提式磷酸铵盐干粉灭火器(MF/ABC4)	推车式磷酸铵盐干粉灭火器(MFT/ABC50)
××场站(设计数量)	8	4	1	4
××场站(实际配置数量)	12	6	2	6

4.5.2　气防器具配备到位

酸气试运期间进入场站300m、酸性气管线埋地40m内或者裸管处200m范围要佩戴气防器具，进入流程区人员备用气瓶配置比例为空呼1∶3，面罩、背架按1∶1.2配置；站控室人员备用气瓶和面罩背架配置比例为1∶1.2；便携式硫化氢检测仪1个/人(见表4-2)。

表4-2　××场站气防器具配置表

场站	进入现场/人	站控室/人	空呼/个	备用气瓶/个	面罩背架/副	便携式硫化氢检测仪/台
××场站	34	7	42	78	42	34

4.5.3　通信系统投运到位，防爆对讲机配备到位

根据调试参与人员的数量，合理分配通信对讲系统，具体分配方案见表4-3。将所有的对讲系统分成操作和指挥2个频道，场站站控室、中心调度室、中心控室的2部对讲机各调得1个频道，场站井口区、外输BDV旁通放空区、验漏人员采用操作频道，保运组、HSE组、后勤保障组人员采用指挥频道。

表4-3　酸气调试防爆对讲机配备表

名称	对讲机
场站站控室	2部
场站井口区	1部(备用1部或备用1块电池)
场站外输BDV旁通放空区	1部(备用1部或备用1块电池)
场站验漏人员	4部(备用1部或备用1块电池)
中心调度室	2部
中心控室	2部
保运组	2部(备用2部或备用2块电池)
HSE组	8部(备用8部或备用8块电池)
后勤保障组	1部(备用1部或备用1块电池)
合计	23部(备用14部或备用14块电池)

4.5.4　其他物资准备

(1)试电笔2只、万用表2个、绝缘手套2副、手操器2台；

(2)水枪(喷壶)10个、毛刷、小桶、记号笔、试验记录表若干等；

(3)洗衣粉(发泡剂)500g；

(4)手套34双；

(5)装车软管2根，清水车1台配备到位。

(6)雨衣34套、防雨棚1套。

4.6 总体思路

酸气联调前，首先对SSV(地面安全阀)和SCSSV(井下安全阀)进行开关性验证，然后对酸气流程进行燃料气置换、严密性试验、酸气联调以及酸敏性试验等后续工作。

(1)SSV和SCSSV开关性验证：酸气联调前1~2天对井下安全阀和地面安全阀的开关性能进行验证，确保井下和地面安全阀能实现全开全关。

(2)燃料气置换：首先利用返输燃料气从井口燃料气临时吹扫口先对站内设备及管线进行吹扫置换，将流程在氮气联调中残留的氮气从火炬口放空，从而保证火炬在酸气联调过程中燃烧正常，然后用燃料气将流程压力升至0.8MPa，检验流程的畅通性。

(3)严密性试验：燃料气置换完成后执行开井操作，利用井内酸气，按照先高压段后低压段的原则(一级节流至二级节流36MPa、二级节流至三级节流16MPa、三级节流后8MPa)，分段进行外漏检查。气密合格后，打开出站BDV旁通放空闸阀和节流截止放空阀，对主流程泄压至6.8MPa。

(4)酸气联调：首先执行开井操作，开井后通过调节一、二、三级节流阀，分别测试3个生产制度下的各级参数，然后将各级压力升至配产生产时的工作压力，过程中应对节流阀开度与产量、压力的对应关系记录并分析。

(5)场站ESD-3保压关断测试、ESD-3泄压关断测试及酸敏性试验：联调目的达成后，手动触发ESD-3级保压关断和ESD-3级泄压关断，关断测试完成后，对整个站内设备及管线再次充压至6.8MPa，进行72h酸敏性试验。

(6)酸气联调后续工作：酸敏性试验结束，首先利用外输BDV旁通放空将流程压力放空泄压至0MPa，然后对站内设备及管线进行燃料气置换、碱液浸泡；再进行碱液回收、盲板复位；氮气置换工作；最后对场站流程设备及管线进行氮封(氮封压力0.3MPa)。

(7)调试过程记录填入表4-4中，问题整改记录填入表4-5。

表4-4 ××场站酸气联调过程记录表

调试项目：	记录人：	时间：
(1)调试内容： (2)调试过程描述： (3)调试中存在的问题及现场处理情况：		

表 4-5 ××场站酸气联调问题整改记录表

序号	发现时间	区域	问题描述	整改措施	整改时间	整改人	确认人	备注
1		多相流	多相流罐顶 PIT 双阀组渗漏	更换 PIT 及双阀组				
2			多相流 BDV 前压力表根部阀渗漏，双公接头损坏	更换仪表阀组				
3		井口	井口压力变送器 PIT××101 与双阀组接头双公渗漏	紧固				
4		甲醇	甲醇加注橇至外输管线及井口管线的涡轮流量计无法计量	更换				
5		生产分离器	生产分离器自动排液管线 ESDV 两位三通渗漏	更换两位三通				
6	……							

4.7 流程确认

不同的操作工序需要不同的流程，在每道工序变化之前都需要严格按照方案和阀门状态确认表(见表 4-6)对流程进行重新确认，主要是对工艺阀门、自控阀门、仪表根部阀、仪表的工作状态、盲板状态进行确认。

4.7.1 确认要求

(1)阀门确认表要与现场实际工艺流程相吻合，避免理论脱离实际。

(2)要按照阀门确认表，逐个确认，避免确认过程出现遗漏。

(3)确认过程中，要一人操作、一人确认。

(4)确认过程要活动一下阀门，弄清阀门的真实状态，杜绝凭经验臆断。

(5)确认完毕后要挂阀门状态指示牌、盲板牌等指示标志。

4.7.2 确认顺序

首先确认主工艺流程，然后确认辅助工艺流程，即井口区→井口分离器区→加热炉区→计量橇区→外输区→收发球筒区→火炬分液灌区→酸液缓冲罐区→甲醇橇区→缓蚀剂橇区→火炬区。

阀门状态确认见表 4-6。

表 4-6　××站阀门确认表

序号	区域	阀门说明	阀门编号	阀门状态	操作人	确认人
1	收发球筒区	清管三通出站方向外输管线上放空闸阀	LC-F10	关		
2		清管三通出站方向外输管线上放空截止阀	LC-F11	关		
3		清管三通去发球筒方向放空管线上第一个球阀	LC-F12	关		
4		清管三通去发球筒方向放空管线上第二个球阀	LC-F13	关		
5		清管三通与发球筒之间管线上燃料气吹扫口第一个球阀	LC-C1	关		
6	……					

4.8　燃料气吹扫

(1)将井口控制柜系统高低位限位阀置于旁通状态，并将井口压力低低报、出站压力低低报、加热炉二级节流阀后压力低报、多相流计量橇液位低低报置于超驰状态。

(2)打开井口燃料气吹扫口球阀注入0.6～0.8MPa燃料气，打开出站BDV旁通，用燃料气对联调流程内设备及管线进行置换吹扫30min，同时对酸气联调流程畅通性进行检验。

(3)确认联调流程畅通，关闭井口燃料气吹扫口，将井口燃料气吹扫口的“8”字盲板置于盲断状态。

4.9　酸气气密

(1)开井前对井口采气树阀门开关状态确认，根据阀门联调状态表对所有阀门状态进行确认(见表4-6)。

(2)确认完成后，关闭二级节流阀，进行开井操作。

(3)利用井内酸气对井口一级节流阀至二级节流阀之间的管道进行升压，升压过程分为3次，分别在10MPa、20MPa、36MPa共3个压力级别进行验漏，在36MPa稳压30min，无压降无漏点即为合格。

(4)二级节流前验漏合格后，关闭三级节流阀，打开二级节流阀，对流程进行平压，平压完成后打开采气树11#平板闸阀及25#笼套式节流阀对一级节流阀至三级节流阀之间管线升压，升压过程分为3次，分别在6MPa、10MPa、16MPa共3个压力级别进行验漏，在16MPa稳压30min，无压降无漏点即为合格。

(5)三级节流阀前验漏完毕后，打开三级节流阀，对整个流程进行平压，平压完成后打开采气树11#平板闸阀及25#笼套式节流阀对三级节流阀后流程进行升压，升压过程分为2次，分别在4MPa、8MPa共2个压力级别进行验漏，在8MPa稳压30min，无压降无漏点即为合格。

4.10 酸气联调

(1)缓慢打开外输BDV旁通闸阀和节流截止放空阀，将三级后压力降低至6.8MPa左右。

(2)在保证二级节流后压力不超过16MPa，三级后压力不超过8MPa的情况下，缓慢远程将二级节流阀开度设定为40%、三级节流阀开度设定为40%。

(3)缓慢开启一级节流阀，在压力平稳的情况下，逐次调节二、三级开度，每次开度增加或减少控制在5%以内，三个节流阀配合操作，调节一级节流阀至二级节流阀管段压力至22~25MPa，二级节流阀至三级节流阀管段建压至12~14MPa，三级节流阀后管段建压至6~7MPa。

(4)产量按照3个测试工作制度来调节，前两个工作制度稳产10min，最后一个工作制度稳产30min，过程中应对节流阀开度与产量、压力的对应关系记录并分析。

注意：在节流阀具体操作中，现场指挥要根据各级压力变化随时调整节流阀开度，确保三段管段建压至预定值范围内。过程中如发生超压现象，可以采取放空措施。此外，在操作过程中须采取防止水合物生成措施，防止冰堵现象的发生。

4.11 保压关断测试

酸气联调目的达到后，在配产产量状态下，站控室人员手动触发ESD-3级保压关断按钮，根据ESD-3级关断逻辑，检查是否正常触发并记录(见表4-7)。

表4-7 ××场站酸调保压关断测试表

序号	部位	调试项目	联锁内容	联锁结果	测试人	确认人	备注
1	站场ESD-3级关断	站控ESD手操台ESD-3级按钮HS-24ESD3触发关断(保压关断)	要求：站控室MMI报警开启				
2			要求：ESD-3启动PA/GA开				
3			要求：ESD-3手操台指示灯亮				
4			要求：手操台蜂鸣器报警				
5			……				

场站保压关断测试完成后，按手操台ESD-3关断复位，对现场阀位进行复位。

4.12 泄压关断测试

保压关断测试完成后，重新开井调整至配产生产状态，首先按手操台 ESD-3 关断复位，从出站 BDV 旁通将流程压力降低至 6.8MPa，确认高压 BDV 阀、低压 BDV 处操作人员到位，场站人员气防准备到位，并做好应急处置准备(外围人员做好疏散准备，重点参数观察确认岗做好火炬观察工作、随时准备人工点火)，然后在站控室手动触发紧急放空按钮，根据关断逻辑，检查是否正常触发并记录(见表 4-8)。

表 4-8　××场站酸调保压关断测试表

序号	部位	调试项目	联锁内容	联锁结果	测试人	确认人	备注
1	站场手动紧急放空	站控 ESD 手操台放空按钮 HS-24FH 触发紧急放空	要求：站控室 MMI 报警开启				
2			要求：ESD-3 启动 PA/GA 开				
3			要求：ESD-3 手操台指示灯亮				
4			要求：放空手操台指示灯亮				
5			要求：手操台蜂鸣器报警				
6			……				

酸气试运结束后进行试运工作小结，对存在的问题进行分析，总结经验，为更好地开展好后续气井的酸气试运工作做好准备。

4.13 敏感性试验

手动泄压关断测试完成后，按照关断恢复确认表，进行流程恢复，重新开井对流程升压至 6.8MPa，升压完毕后关闭井口 9#、11#平板闸阀和笼套式节流阀，对流程保压 72h，对站内设备及管线进行敏感性试验，考核设备、管材、密封件等在高压硫化氢环境下的密封效果。

注意：在敏感性试验过程中值班人员须定期巡检记录相关参数，每 4h 保证对全站流程进行一次全面验漏工作，同时站控室须有专人看护井口区域压力，避免因关闭不严而造成的系统超压。

4.14 长时间停产处置程序

4.14.1 碱洗

手动缓慢放空流程内酸气，打开井口燃料气吹扫管线阀门，打开外输 BDV 旁通放空流程，用燃料气对站内设备管线进行置换。置换完毕后，向酸气管道和压力容器内加注浓度为 5% 的 NaOH 碱液进行浸泡，消除酸气积液对容器底部的腐蚀，浸泡时间不低于 4h。

注意：在污水回收时，利用设备冲砂口对压力容器用清水进行冲洗及解堵，保证将容器内残渣排净。

4.14.2 燃料气置换

碱洗完成后回收碱液，从井口燃料气吹扫口用燃料气置换主流程和泄压流程。压力为0.6～0.8MPa，速度不超过5m/s。置换完成后对站内盲板进行复位，恢复到正常生产状态。

4.15 风险识别及应急处置措施

4.15.1 水合物堵塞

1）异常发现

当场站人员发现酸气系统压力异常上升时，经检查发现酸气管线产生冰堵现象。

2）原因分析

（1）酸气系统一、二、三级节流压力调整不当导致酸气管线产生冰堵。

（2）酸气系统的加热、甲醇加注系统出现问题造成酸气管线产生冰堵。

（3）危害分析：酸气管线产生冰堵后，造成酸气系统超压，气井停产或安全阀起跳。

3）紧急应对措施

（1）场站值班人员迅速启动相应井口的甲醇加注泵或加大甲醇加注量。

（2）场站值班人员密切监视酸气系统一、二、三级节流的温度、压力，及时调整一、二、三级节流的压力，提高一、二、三级节流的温度，解除冰堵发生。

（3）场站值班人员检查酸气系统的加热、甲醇加注情况，是否正常，如果发生异常及时排除故障。

（4）当一、二、三级节流的压力已上升到报警值，进行关井操作，并继续进行解除冰堵操作。

（5）站控室值班人员向调度汇报事件发生的时间、情况、地点、处置过程及结果并做好记录。

（6）热水进行浇淋，先用毛巾进行包裹，再用热水进行浇淋。

4）紧急警报解除

冰堵现象消除或场站进行关井操作后，现场负责人宣布紧急报警解除。

4.15.2 火炬熄火

1）异常发现

（1）现场人员发现火炬熄火。

（2）SCADA系统人机界面火炬熄火发出报警信号。

2）原因分析

酸气紧急放空，气量大且有液体带出，将常明火熄灭，火炬自动点火失灵，短时间造成火炬点不着火。

3）危害分析

大量酸气从火炬顶部喷出，在火炬场地周围大面积扩散，造成人员硫化氢中毒。

4）紧急应对措施

（1）站控室值班人员启动站场广播，告知场站人员火炬熄火，要求场站所有人员佩戴好空气呼吸器，准备撤离；关闭 BDV 放空、场站 ESD-3 保压关断，外围做好警戒级疏散。

（2）场站所有人员听到通知后，佩戴好空气呼吸器，做好撤离准备。

（3）场站值班人员紧急采取措施，将酸气放空阀门关小，打开燃料气放空阀，恢复火炬点火。如果未能及时恢复火炬点火，进行关井。

（4）站控室值班人员密切监视场站火气系统，如果发现场站硫化氢气体及可燃气体探测仪发生大面积报警时，及时通知场站所有人员进行撤离，并根据风向，告知逃生路线。站控室值班人员启动 ESD-3 级关断，确认 ESD-3 级关断执行后，进行撤离。

（5）站控室值班人员向调度汇报事件发生的时间、情况、地点、处置过程及结果并做好记录。

5）紧急报警解除

火炬点火恢复或场站进行关井操作后，现场负责人宣布紧急报警解除。

4.15.3 加热炉熄火

1）异常发现

（1）场站人员发现加热炉部位酸气温度下降明显，经检查发现加热炉熄火。

（2）SCADA 系统人机界面发出加热炉熄火报警信号。

2）原因分析

（1）加热炉供气、供水、供电出现问题导致加热炉熄火。

（2）加热炉燃烧系统出现问题造成加热炉熄火。

3）危害分析

加热炉熄火后，酸气温度下降，产生天然气水合物造成冰堵。

4）紧急应对措施

（1）场站值班人员迅速加大相应井口的甲醇加注泵。

（2）站控室值班人员密切监视加热炉一、二级节流的温度、压力，如果发现管线可能发生冰堵，应及时调整工艺参数。

（3）场站值班人员迅速查找熄火原因，尽可能排除故障，将加热炉点着。

（4）如果不能及时点炉，并且一、二、三级节流的温度已下降到报警值，进行关井操作，并继续查找加热炉熄火原因，排除故障。

(5)站控室值班人员向调度汇报事件发生的时间、情况、地点、处置过程及结果并做好记录。

5)紧急报警解除

加热炉恢复点火或场站进行关井操作后，现场负责人宣布紧急报警解除。

4.15.4 电力故障

1)异常发现

场站各三级负荷用电系统用电中断。

2)原因分析

某场站外部10kV电力供应突然中断，或高低压配电室内设备出现故障。

3)危害分析

场站三级负荷设备停止工作。

4)消减或预防措施

(1)电力系统的自动反应：当外部10kV电力供电突然中断时，值班人员首先应立即检查UPS电源是否正常工作，然后检查燃气发电机电源自投装置的控制器是否发出起动发电机的信号，并对发电机组的电压及频率进行检测，待发电机组启动成功后，经延时15～20s后将负载自动转向发电机组供电回路。

(2)检查事故发生的原因是由于电力负荷过大，还是因为自然灾害或人为原因造成的电力中断。

(3)如果由于站外电力线路负荷过大造成的停电，应统筹协调，解决问题。

(4)如果由于站内电力负荷过大造成的停电，应先关断站内三级负荷，假使关闭三级负荷仍无法使电力系统恢复正常，再关闭二级负荷。

(5)如果由于电力线路中断造成的，保运组应迅速接好电路，使电力系统恢复正常。

(6)10kV供电恢复正常后燃气发电机组延时将负载自动转向主电源回路，并发出关闭发电机组的信号。

(7)上述措施仍无法解决问题，则需要人工启动ESD-3级关断。

4.15.5 仪表风供应不正常

1)异常发现

场站某一气动阀门无法动作，仪表风压力下降。

2)原因分析

仪表风供应不正常。

3)危害分析

影响安全生产。

4)应急处置措施

(1)佩戴正压式空气呼吸器赶赴气动调节阀位置区域。

(2)检测仪表风供气管线压力及是否存在泄漏，并修复管线。

(3)如果上述故障不存在，则检查燃料气调压分配橇块内燃料气分离器、仪表风缓冲罐及其内部仪表和阀门存在的故障。

(4)如上述故障不存在，则开启气动调节阀旁通管线，关闭调节阀两侧的截止阀。

(5)问题点待关井后进行处理。

4.15.6 气井出液过多

1)异常发现

火炬分液罐液位快速增长。

2)原因分析

在开井过程中，由于井筒大量积液带出。

3)危害分析

导致火炬分液罐液位超过正常范围之内，可能导致火炬熄灭，人员中毒。

4)应急措施

(1)发现液位超过正常范围时，应立即通知相关人员关井。

(2)通知污水拉运车迅速进行污水拉运工作。

(3)将火炬分液罐酸液全部拉运后继续开井调试。

4.15.7 严重井控安全事件

1)异常发现

井口酸气不断溢出，控制设备失效。

2)原因分析

井控设备失效和人为操作不当。

3)危害分析

引起人员大面积中毒伤亡和环境污染。

4)应急措施

在酸气联调过程中，由保运组负责准备压井车和压井泥浆，如果出现严重井控安全事件，第一时间赶至现场进行处置，按应急处置程序执行。

4.15.8 硫化氢气体泄漏

1)异常发现

站控室发现气体检测探头报警或者现场人员便携式硫化氢检测仪报警。

2)原因分析

(1)酸性气集输系统及火炬放空系统发生泄漏时，环境硫化氢浓度会达到安全临界浓度以上，超过危险临界浓度甚至达到更高的浓度；若现场作业人员和周边环境人员采取的措施不当，易引发中毒和窒息，导致人员伤亡。

(2)甲醇注入系统发生泄漏，也会导致作业环境有毒气体超标，对现场作业人员造成伤害。

(3)现场分离器产生的污水及清管清理出的积液中溶解有大量的硫化氢气体。当发生扰动、流动时，硫化氢气体会扩散出来，导致作业区域硫化氢含量超标，聚集在低洼处，也会引发人员中毒和窒息。

(4)火炬放空燃烧后生成SO_2。SO_2属于有毒气体，由于其密度比空气重，易沉积和积聚在低洼等区域构成一定浓度的危险环境，为周边人员和环境带来一定的危害，尤其在静风或小风速最不利气象条件下。

3)危害分析

引起人员中毒伤亡。

4)应急措施

(1)站控室值班人员启动站场广播，告知场站人员有人中毒晕倒，要求场站所有人员检查自身消防气防器具，并通知医疗救护到现场。

(2)现场人员立即将中毒人员转移至安全场所，且放置于上风口，进行现场救护，等待医疗救护到来。

(3)漏点整改。

①压力仪表双阀组漏点。关闭根部阀，打开放空阀将压力泄为0MPa后，对漏点进行紧固整改。

②仪表根部阀漏点。a. 因阀腔内有杂质关不严：先用引压管从双阀组放空口进行吹扫入碱液桶，再进行杂质排除。b. 内漏：进行杂质排除操作后漏点仍然存在表示根部阀内漏，则关闭根部阀，将引压管接至碱液桶内，待调试完毕后，对漏点紧固整改；但当内漏较为严重时，将流程压力泄压至0MPa后进行处理。

③主流程阀门及上下游法兰漏点。a. 笼套式节流阀—二级节流阀：关闭井口11#平板闸阀、25#笼套式节流阀和二级节流阀，打开井口BDV旁通泄压放空，泄压完成后对漏点进行紧固整改。b. 二级节流阀—三级节流阀：关闭二级节流阀、上游ATV闸阀和三级节流阀，打开水套加热炉放空阀旁通进行泄压放空，泄压完成后对漏点进行紧固整改。c. 三级节流阀—出站盲断：关闭三级节流阀，打开多相流后低压BDV旁通泄压放空，泄压完成后对漏点进行紧固整改。

4.15.9 火灾爆炸

1)异常发现

作业人员在作业过程中发现现场出现火灾爆炸。

2)原因分析

设备、管道或管道附件、阀门、法兰、一次仪表接头等因腐蚀、老化或密闭不严造成破裂或泄漏、操作失误、安全阀失灵、低压部分因冰堵或误操作等引起的超压等，导致可燃物质释放，与空气混合形成爆炸性混合气体，当到达爆炸极限遇点火源时即可引发火灾、爆炸。

3）危害分析

造成人员伤亡，设备损坏。

4）紧急应对措施

（1）场站人员立即启动站场广播通知现场所有人员撤离。

（2）对受伤人员立即进行伤口处理，情况严重的立即拨打“120”急救。

（3）消防车立即对着火区域进行灭火处置。

（4）现场严禁烟火。

4.15.10 机械伤害

1）异常发现

作业人员在作业过程中发现有人员受到工具等机械碰撞导致受伤。

2）原因分析

（1）作业空间狭小。

（2）作业人员相互碰撞。

3）危害分析

造成人员伤亡。

4）紧急应对措施

（1）对受伤人员立即进行伤口处理，情况严重的立即拨打“120”急救。

（2）进入现场要严格劳保穿戴。

（3）严禁野蛮作业。

4.15.11 物体打击

1）异常发现

作业人员在作业过程中发现有人员受到设备、工具或其他物品碰撞导致受伤。

2）原因分析

（1）作业空间狭小。

（2）作业人员相互碰撞。

（3）高空落物。

3）危害分析

造成人员伤亡。

4）紧急应对措施

（1）对受伤人员立即进行伤口处理，情况严重的立即拨打“120”急救。

（2）进入现场要严格劳保穿戴。

（3）严禁野蛮作业。

4.15.12 触电

1) 异常发现

作业人员在用电过程中发现有人员触电导致受伤。

2) 原因分析

本区站内供电系统的输配电线路、配电装置、各类机泵电机、照明线路及其他电器设备设施等，其电压均超过安全电压，若接地或接零保护装置不符合要求、绝缘损坏或老化，因故障、误操作，违章作业(如带电作业不按规定穿戴防护用品、使用不合格的工器具，误入带电间隔，操作时安全距离不够)等原因，人员触及带电体，均会造成触电。

3) 危害分析

造成人员伤亡。

4) 紧急应对措施

(1)立即切断电源。

(2)对受伤人员立即进行处理，情况严重的立即拨打“120”急救。

(3)进入现场要严格劳保穿戴，戴绝缘手套。

(4)严禁违章作业。

4.15.13 高空坠落

1) 异常发现

作业人员在作业过程中发现有人员从高处坠落。

2) 原因分析

作业人员未系安全带，或使用方式不当。

3) 危害分析

造成人员伤亡。

4) 紧急应对措施

(1)对受伤人员立即进行伤口处理，情况严重的立即拨打“120”急救。

(2)进入现场要严格劳保穿戴，系安全带。

(3)严禁野蛮作业。

4.15.14 自然灾害

1) 异常发现

(1)施工作业过程时是恶劣雨雪天气。

(2)雷雨、沙尘天气影响施工作业。

2) 原因分析

集输工程地形复杂，洪水、泥石流、滑坡、崩塌等自然灾害，均可能危及人员和气田设施并引发严重的事故。

3）危害分析

作业人员因雨雪天气而导致滑倒、冻伤或其他结果。

4）紧急应对措施

对受伤人员进行处理，情况的送往医院进行救护；恶劣天气条件下应停止施工。

4.15.15 环境污染

1）异常发现

施工作业中乱排乱放污染环境。

2）原因分析

污水、缓蚀剂、甲醇等有毒物资没有妥善管理，污染环境。

3）危害分析

污染环境，造成人员伤害。

4）紧急应对措施

切断污染源，对污染进行处理。

4.15.16 噪声污染

1）异常发现

酸气联调放空时，操作人员及周边居民出现明显烦躁情绪。

2）原因分析

酸气调试放空噪声超过环境噪声排放标准，对现场操作人员和周边居民造成噪声污染。

3）危害分析

对现场操作人员及周边居民造成耳聋、头痛、视觉模糊等伤害。

4）紧急应对措施

现场操作人员配置防噪耳机，提前告知并疏散噪声污染范围内的居民。

4.15.17 硫化亚铁自燃

1）异常发现

在打开的压力容器或管线中有烟雾产生。

2）原因分析

酸气流程管道内壁与酸气接触，形成了 FeS，在打开管道或压力容器进行问题整改或清理时，硫化亚铁会与空气中的氧气发生反应，产生热量形成自燃现象，从而有可能会引起联琐的火灾或爆炸现象发生。

3）危害分析

可能会引起联琐的火灾或爆炸现象发生。

4）紧急应对措施

打开容器前后均用清水进行喷淋，防止自燃。

5 集气总站调试

5.1 概述

集气总站是高含硫气田集输系统到天然气净化厂的枢纽站，高含硫气田集输系统的所有场站产出的天然气都要通过集输管道输送到集气总站进行汇集，经初步气液分离和计量后再到天然气净化厂进行深度净化处理。

集气总站按流程顺序分 5 个区，主要由进站收球筒区、轮换阀组区、生产分离器区、污水气提及燃料气外输区、外输管廊区和综合用房区组成。总站设置有安全可靠的事故放空系统，在进站和出站管道分别设置紧急切断阀，当出现事故时可以自动或手动紧急切断，保护总站的安全。BDV、安全阀和放空管线出口汇入放空总管后，输送到净化厂内的放空火炬系统。站内还设污水预处理系统，集输污水经站外污水管道汇集至污水缓冲罐，由泵输至污水气提塔气提后输至污水站处理，气提酸气进入净化厂尾气回收系统。其主要功能有：①事故状态下的快速截断与放空；②天然气进净化厂交接计量；③污水缓冲功能，气提脱除硫化氢；④站场自动控制等。

集气总站的调试包括设备单体调试、氮气联调、酸气试运三大步骤，确保各设备、仪表正常远行，灵活好用。

5.2 设备单体调试

集气总站设备单体调试是按照“集气总站单体调试方案”，对电力系统、常规远传仪表、火气仪表、通信系统、腐蚀监测系统、燃气及仪表风系统、自动控制系统七大系统，以及阀门、机泵等单体设备进行调试。调试过程记录填入表5-1，问题整改记录填入表 5-2 中。

表 5-1　集气总站单体调试过程记录表

调试项目：	记录人：	时间：
（1）调试内容： （2）调试过程描述： （3）调试中存在的问题及现场处理情况：		

表5-2　集气总站单体调试问题整改记录表

序号	发现时间	区域	问题描述	整改措施	整改时间	整改人	确认人	备注
1		收球筒区	1#线压力变送器无显示	检查仪表供电情况				
2		生产分离器区	1#生产分离器排液管线保温层损坏	修补损坏的保温层				
3			1#生产分离器温度变送器有误，液变与现场液位计不符，压变未做零点标定	核对温变工况，对损坏进行维修或更换				
4		污水气提及燃料气外输区	燃料气调压阀后压力表显示不稳定	核对后端压力波动原因				
5			汽提塔吹扫气入口压力表超量程	更换适合量程的压力表				

5.2.1　电力系统调试

集气总站电力系统调试包括站场内的供配电系统调试、电气照明及插座调试、户外照明及橇块的配电调试，以及工艺设备区防雷、防静电接地检查、建筑物的防雷防静电检查等。其调试方法和要求与场站调试一致。

5.2.2　常规远传仪表调试

集气总站常规远传仪表主要包括压力变送器、温度变送器、流量变送器、液位变送器等，用以实时检测总站主流程及辅助流程的压力、温度、流量、液位等，以满足生产工艺监测、控制和管理的需要。其具体调试方法与场站常规远传仪表的调试方法一致。

(1)压力变送器调试：本节调试的压力变送器主要是指各工艺管线和容器上安装的压力检测远传仪表，包括：各进口管线压力、生产分离器罐体压力、外输管线压力、燃料气进站调压后压力、污水缓冲罐压力、气提气压力、火炬分液罐体压力等。

(2)温度变送器调试：本节调试的温度变送器主要是指各工艺管线和容器上安装的温度检测远传仪表，包括：各进口管线温度、生产分离器罐体温度、外输管线温度、燃料气进站调压后温度、污水缓冲罐温度、气提气温度、火炬分液罐体温度等。

(3)流量变送器调试：本节调试的流量变送器主要用于场站气体或者液体的流量测量和传输，包括：外输管线流量、燃料气进站流量、燃料气吹扫气流量、生产分离器液相流量、污水缓冲罐液相流量、气提塔污水进口流量、氮气进口流量、气提塔污水进口流量。

(4)液位变送器调试：本节调试的液位变送器主要用于容器的液位测量和传输，容器包括生产分离器液位、污水缓冲罐液位、气提塔液位、火炬分液罐液位、等橇块的双法兰液位变送器。

5.2.3 火气仪表调试

集气总站与场站相同，其火气仪表设备主要包括声报警器、防爆状态指示灯、有毒气体探测器、可燃气体探测器、火焰探测器、感烟探测器、感温电缆、防爆手动报警按钮8种设备，用以检测场站酸气泄漏、火灾等危险事故，并联锁报警实施紧急关断以保障生产工艺与生命财产安全。其具体调试方法与场站火气仪表设备的调试方法一致。

5.2.4 通信系统调试

集气总站通信系统主要内容为：光传输系统、站内PA/GA广播对讲系统、数字风速风速传感器系统、站内CCTV工业电视监控系统、站内语音系统、站内通信电缆敷设及通信外线进站等。其具体调试方法与场站通信设备的调试方法一致。

5.2.5 腐蚀监测系统调试

集气总站与场站的腐蚀监测系统相同，包括电阻探针(ER)、线性极化探针(LPR)和腐蚀挂片(CC)3种监测方式。其中，在线监测的电阻探针和线性极化探针监测数据由数据采集器获取，经过现场接线箱传至站控室机柜间腐蚀监测服务器进行管理，并上传中心控室腐蚀监测服务器进行分析；腐蚀挂片主要是靠人工称重并准确记录后安装，使用期间靠定时取出进行称重分析。其具体调试方法与场站腐蚀监测系统的调试方法一致。

5.2.6 燃料气、吹扫气及仪表风系统调试

集气总站内燃料气、吹扫及仪表风系统包括燃料气调压分配区管线、燃料气管线、吹扫管线和仪表风管线。集气总站使用的燃料气来自净化厂返输的净化天然气，开工用的天然气自外部引入后也是由净化厂分输给集输工程。

集气总站的燃料气系统主要用于供应集气总站放空管线的吹扫气，首先经净化厂燃料气反输管线到集气总站燃料气进站ESD。然后通过计量调压至管线的运行压力后分别输送至集气总站和各采气井站进行二次调压。集气总站的燃料气经过二次调压后，压力保持在管线的正常运行压力之内。在此假设集气总站调压前管线设计压力为4.0MPa，运行压力为3.1~3.5MPa，二次调压后管线设计压力为1.0MPa，运行压力为0.6~0.8MPa。经调压后的燃料气被分配到高、低压放空总管、汽提塔(当采用燃料气作为汽提气时)和火炬分液罐。

集气总站使用的吹扫气和仪表风用气来自于净化反输的氮气(氮气的工作压力为0.6~0.8MPa)。该站主要用于各收球筒、分离器，以及为生产分离器的紧急切断阀(ESDV)、各进站紧急切断阀(ESDV)提供仪表风。根据集气总站的工艺流程，它的燃料气、吹扫气及仪表风系统调试宜采取分类调试的方法。

1)燃料气管道调试

燃料气管道调试包括管道吹扫、氮气置换、氮气气密和燃料气气密4个步骤。

(1)管道吹扫。

主要是进站燃料气 ESDV 至高、低压放空管和汽提塔之间的燃气管线。吹扫的气体可采用纯净空气或者氮气，如果采用空气，在管道置换时，需要将空气换成氮气。由于工作量较小，从施工的经济性、作业的连续性来考虑，使用氮气较方便。如果条件允许，燃料气管线吹扫、置换和气密工作可与净化厂的燃料气管道一起做。

按照阀门状态确认表(见表 5-3)，对各阀门仪表的状态进行确认。首先将吹扫气从燃料气调压区引入燃料气管道，然后逐一打开高压放空管吹扫阀门、低压放空管吹扫阀门、火炬分液罐吹扫气入口阀门、汽提塔汽提气入口阀门。吹扫气放空直接经过各手动放空至火炬，汽提气放空口为各用气汽提塔与汽提气管线的连接处的仪表放空口处，并在放空口对吹扫情况进行检测，在排气口设置贴有白布或涂白漆的木制靶板进行检验，吹扫 5min 后靶板上应无铁锈、尘土、水分及其他杂物即为合格。同时填写相应的吹扫记录(见表 5-4)。

表 5-3 集气总站燃气、吹扫气及仪表风系统吹扫阀门状态确认表

序号	区域	阀门说明	阀门编号	阀门状态	操作人	确认人
1	燃料气汽提气及仪表风系统	调压阀上游闸阀	RF-1	关		
2		调压阀下游闸阀	RF-2	开		
3		调压阀旁通闸阀	RF-3	开		
4		燃料气汽提气管线入口闸阀	RF-4	开		
5		吹扫管线入口闸阀	RF-5	开		
6	……					

表 5-4 集气总站燃气、吹扫气及仪表风系统氮气吹扫结果记录表

序号	检测类型	检测位置	吹扫结果	检测人	备注
1	燃料气系统	高压放空管吹扫口			
2		低压放空管吹扫口			
3		火炬分液罐吹扫气入口			
4		污水汽提塔汽提气入口			
5	吹扫气及仪表风系统	1#线收球筒吹扫口			
6		2#线收球筒吹扫口			
7		3#线收球筒吹扫口			
8		1#线进站 ESDV 仪表风入口			
9		2#线进站 ESDV 仪表风入口			
10		3#线进站 ESDV 仪表风入口			
11		生产分离器吹扫气入口			
12		生产分离器排液 ESDV 仪表风入口			
13	……				

(2)氮气置换。

①氮气置换要求。a. 液氮加热泵车氮气出口处应有准确、可靠的温度显示仪表、压力仪表和流量显示仪表；b. 液氮加热泵车氮气出口温度及氮气进入管道温度必须大于5℃。根据注氮速度、环境温度等因素选择具备足够供热能力的注氮设备和车辆，确保注入氮气的温度；c.置换过程中管道内压力宜介于0.2～0.3MPa之间且气体流速不应大于5m/s；d.置换管道末端配备含氧量检测仪器，当置换管道末端放空管口气体含氧量低于2%时即认为置换合格；e. 注氮过程中应符合国家相关规范及气田开车燃料气工程试运投产方案其他要求；f. 液氮纯度在99.99%以上，且其他腐蚀性组分符合要求。

②氮气置换流程。集气总站内氮气置换空气主要包括流程恢复、连接置换流程、管线置换、检测记录4个步骤。a. 恢复流程：为了防止杂质进入下油管道和设备，在吹扫时断开了高压放空管吹扫口、低压放空管吹扫口、火炬分液罐吹扫气入口、污水汽提塔汽提气入口等连接处的法兰，在进行氮气置换前需要全部恢复；b. 连接置换流程：将氮气置换设备与燃气管线联通，将符合置换要求的氮气引入燃气管道；c. 管线置换：依次导通高压放空管吹扫口、低压放空管吹扫口、火炬分液罐吹扫气入口、污水汽提塔汽提气入口处连接阀门，打开污水汽提塔放空阀，依次对上述燃料气管道进行吹扫；d. 检测记录：在每个放空口进行检测，连续检测3次，每次间隔2min，若3次检测氧含量均小于2%，说明置换合格。考虑到各橇块之间的局部管线较多，为了达到置换不留死角的目的，置换过程中应从放空口进行检测，依次对各检测点进行检测，并填写燃料气管线氮气置换记录表(见表5-5)。

表5-5 集气总站燃气、吹扫气及仪表风系统氮气置换记录表

序号	检测类型	检测位置	氧含量	检测人	备注
1	燃料气系统	高压放空管吹扫口			
2		低压放空管吹扫口			
3		火炬分液罐吹扫气入口			
4		污水汽提塔汽提气入口			
5	吹扫气及仪表风系统	1#线收球筒吹扫口			
6		2#线收球筒吹扫口			
7		3#线收球筒吹扫口			
8	吹扫气及仪表风系统	1#线进站 ESDV 仪表风入口			
9		2#线进站 ESDV 仪表风入口			
10		3#线进站 ESDV 仪表风入口			
11		生产分离器吹扫气入口			
12		生产分离器排液 ESDV 仪表风入口			
13	……				

(3)氮气气密。

对进站 ESDV 到调压阀之间的燃料气管线进行升压，分别在氮气压力达到 1.3MPa、2.5MPa 时稳压 10min，保证管线无压降；最后将氮气压力升至 4.0MPa，稳压 30min，管道系统无泄漏、无压降时即为合格。对调压阀的燃气管道进行升压，氮气压力升至 1.0MPa，稳压 30min，氮气升压验漏结束。

2)仪表风管道调试

仪表风主要用作各进站 ESDV、排液 ESDV 的动力源，以及用于收球筒、分水分离器吹扫。调试包括管道吹扫、氮气置换、氮气气密和燃料气气密 4 个步骤。

(1)管道吹扫。

吹扫的气体可以纯净空气或者氮气。如果采用空气，在管道置换时，需要将空气换成氮气。其工作量也较小，从施工的经济性、作业的连续性来考虑，使用氮气较方便。如果吹扫气管线吹扫、置换和气密工作与净化厂的吹扫气管道一起做，可大大节省成本。

按照阀门状态确认表(见表 5-3)，对各阀门仪表的状态进行确认。首先将吹扫气引到各进站 ESDV、排液 ESDV、以及分水分离器和收球筒，然后逐一打开各 ESDV 排气阀门和分水分离器、收球筒放空阀。吹扫气放空直接经过各 ESDV 排气阀门手动放空至大气中，以及通过分水分离器、收球筒放空阀引入集气总站放空系统中，并在放空口对吹扫情况进行检测，在排气口设置贴有白布或涂白漆的木制靶板进行检验，吹扫 5min 后靶板上应无铁锈、尘土、水分及其他杂物即为合格。同时填写相应的吹扫记录(见表 5-4)。

(2)氮气置换。

①氮气置换要求与燃料气管线氮气置换时相同。

②氮气置换流程。集气总站内氮气置换空气主要包括连接置换流程、管线置换、检测记录 3 个步骤。a. 连接置换流程：将氮气置换设备与吹扫气管线联通，将符合置换要求的氮气引入仪表风及吹扫气管道。b. 管线置换：依次导通各进站 ESDV、排液 ESDV 仪表风流程，打开排气阀门、以及导通分水分离器、收球筒吹扫流程，打开放空阀，依次对上述仪表风及吹扫管道进行吹扫。c. 检测记录：在每个放空口进行检测，连续检测 3 次，每次间隔 2min，若 3 次检测氧含量均小于 2%，说明置换合格。考虑到各橇块之间的局部管线较多，为了达到置换不留死角的目的，置换过程从放空口进行检测，依次对各检测点进行检测，并填写燃料气管线氮气置换记录表(见表 5-5)。

(3)氮气气密。

假设仪表风及吹扫气管线设计压力为 1.0MPa，首先对仪表风及吹扫气管线进行升压，分别在氮气压力达到 0.3MPa、0.6MPa 时稳压 10min，保证管线无压降；最后将氮气压力升至 1.0MPa，稳压 30min，管道系统无泄漏、无压降时即为合格，氮气升压验漏结束。

5.3 氮气联调

5.3.1 概述

集气总站的氮气联调主要是对各收球筒、生产分离器、污水气提塔、污水缓冲罐氮气置换，期间高低压放空系统的氮气置换与各橇块的置换同步进行，并在收球筒、生产分离器、污水气提塔、污水缓冲罐、火炬分液罐进行氮气吹扫、置换、气密和联调。

吹扫主要是清除施工过程中流程管道和压力容器内的杂质，避免投产后堵塞流程，冲蚀设备内壁，损害阀门密封面。吹扫要进行分段吹扫。在放空口对吹扫情况进行检测，在排气口设置贴有白布或涂白漆的木制靶板进行检验，吹扫5min后靶板上应无铁锈、尘土、水分及其他杂物即为合格。

置换时以压力为0.2～0.3MPa、流速不大于5m/s的标准，依次各橇上设置监测点，每5min逐一检测氧含量一次，若连续3次检测氧含量均小于2%，说明氮气置换合格。

气密联调时向工艺流程注入高压氮气，测试在带压状态下各设备管道是否正常运转：就地显示与远传仪表数据是否正常；电动阀门是否能正常工作，ESDV阀能否在压差或带压情况下实现打开和关断；各橇装设备的排污系统是否正常工作；流量数据和流量调节能否正常工作。

5.3.2 调试前应具备的条件

(1)中交验收完成，“三查四定”问题全部销项。工艺流程吹扫、试压、扫水、干燥完成；电力系统调试完成，单井站供电系统能够正常运转；通信系统调试完成，通信线路畅通，数据传输正常；现场仪表能够正常工作，单机调试完成，数据采集正常，能够实现远程控制和ESD紧急关断。

(2)氮气施工气源准备完成，制氮设备已经调试完成，达到供气条件，且完成注入口连接。

(3)氮气置换、气密和联调参与人员、设备、机具就位。

(4)后勤保障已经落实。

(5)安全防护设备到位，措施落实，并通过HSE组检查验收合格。

(6)氮气置换、气密和联调方案已经审查完毕，各项检查确认表、记录表已经完成审核。

(7)检测仪器已配置到检测人员手中。

(8)HSE措施管理落实到位。

(9)盲断隔离措施已落实。

(10)气提回收气去净化厂净化装置管线氮气置换气密已完成。

(11)与净化厂已对接协调，施工前各项交底工作已完成。

5.3.3 物资准备

1）集输站场消防器材的配备到位

氮气联调时消防器材按设计配置数量的1.5倍配置，具体见表5-6。

表5-6 消防器材配备表 单位：个

井站	手提式磷酸铵盐干粉灭火器（MF/ABC8）	手提式二氧化碳灭火器MT6	手提式磷酸铵盐干粉灭火器（MF/ABC4）	推车式磷酸铵盐干粉灭火器（MFT/ABC50）
集气总站	9	9	6	5

2）其他物资准备

（1）氧含量检测仪2个、手摇报警装置1台。

（2）验漏喷壶6个，毛刷、小桶、记号笔、试验记录等。

（3）肥皂（发泡剂）。

（4）防爆对讲机10部。

（5）装车软管2根，清水车配备到位。

5.3.4 氮气吹扫

（1）对于安装有过滤器的管道，关闭过滤器上下游阀门，打开旁通阀。

（2）准备好液氮及泵车并完成调试。

（3）从收球筒排污口注入氮气。

（4）导通工艺流程，将杂质吹扫至火炬分液罐集中。

5.3.5 氮气置换

集气总站氮气置换，首先在收球筒临时排污口处注入氮气，分别经过生产管线、生产分离器、火炬分液灌、污水缓冲罐、污水气提塔，然后利用放空管线进行放空，同时进行排污系统氮气置换。设置12个氧含量检测点（见表5-7），检查点分别进行氧含量检测，连续检测3次，每次间隔2min，若3次检测氧含量均小于2%，说明置换合格。

表5-7 集气总站氮气置换检测记录表

序号	检测位置	氧含量检测结果	检测人	备注
1	集气总站出站压力表放空口处			
2	集气总站出站压力表放空口处			
3	火炬分液灌压力表放空口处			
4	生产分离器压力表放空口处			
5	生产分离器压力表放空口处			
6	收球筒上压力表放空口处			
7	收球筒上压力表放空口处			
8	收球筒上压力表放空口处			

续表

序号	检测位置	氧含量检测结果	检测人	备注
9	污水气提塔压力表放空口处			
10	污水气提塔压力表放空口处			
11	集气总站至净化厂高压放空管上的压力仪表放空口处			
12	集气总站至净化厂低压放空管上的压力仪表放空口处			

5.3.6 氮气气密

1)气密检查的重点部位

(1)各法兰、阀门连接处(包括阀门盘根、各种液面计和压力表接头、导管、放空阀等)。

(2)所有配管管线阀门、法兰、仪表部件。

(3)所有维修过的部位。

(4)所有机泵、设备的进出口、人孔、手孔法兰、部位。

(5)检查主要阀门的内漏情况，如调节阀、系统向火炬放空阀，高低压界区的连接阀。

(6)检查安插盲板处的泄漏情况。

2)气密泄漏的记录与标注要求

(1)气密试验过程中，在做好检查记录的同时，要做好现场的标识。要记录在每一阶段升压过程中发现的泄漏点具体位置及泄漏基本情况以及整改情况。

(2)在气密施工过程中，将出现的泄漏点并整改的位置进行现场标注，作为投产期间及投产后重点检查和关注的对象。

3)气密检查方法

(1)通过喷验漏液检查漏点，验漏液主要考虑肥皂水、洗涤剂溶液等。验漏时，观察是否存在泄漏，时间不得低于1min。

(2)阀门动静密封点验漏时对阀门进行开关活动，确保阀门在活动时不泄漏。

4)泄漏程度的判断与处理

(1)根据泄漏的部位及程度，可以判断出产生泄漏的原因，从而采取相应处理泄漏的方法。对泄漏点的地方做好记号，同时记录，然后检修，再进行试验，直到消除。

(2)对泄漏点的处理应在步骤1)泄压后进行，管道载压时不准紧固、拆卸螺栓和锤击敲打。压力试验过程中若有泄漏，不得带压修理，缺陷消除后应重新试验。

5)放空系统及污水系统气密

(1)集气总站至净化厂高、低压放空总管上加装的阀门及盲板处于关闭状态。

(2)将所有排污阀门关闭，放空阀门关闭。

(3)确认污水缓冲罐、污水气提塔安全阀进、出口阀门已关闭。

(4)检查确认后通知氮气车对管线进行升压，压力升至设计压力，稳压 30min，对各放空法兰、阀门进行气密验漏。检查系统压力无下降、各动静密封点无泄漏为合格。

6)主流程气密

假设集气总站主工艺流程设计压力为 9.6MPa，气密步骤如下：

(1)关闭主流程放空、排污阀门。

(2)关闭各线进站 ESDV 阀、关闭出站 ESDV 阀。

(3)注入氮气升压分别升压至 3.5MPa 和 6.5MPa，稳压 10min，进行验漏工作并做好验漏记录。对存在泄漏的部位进行统计，在泄压后进行整改，整改完成后再次进行试压直至合格。

(4)当压力升至安全阀整定压力时，要先关闭收球筒上安全阀根部闸阀、生产分离器上安全阀根部闸阀，避免安全阀起跳。

(5)继续升压至气密试验压力 9.6MPa，稳压 30min。在稳压期间进行验漏工作并做好验漏记录。在检查阀门内漏情况时，观察阀门上游压力表，无压降、无泄漏即为合格。对存在泄漏的部位进行统计，在泄压后进行整改，整改完成后再次进行试压直至合格。

5.3.7 系统调试

1)液位控制联锁

在氮气气密结束后，对站内所有液位控制联锁进行验证，考验液位控制联锁是否能在带压状态下正常联锁。站内液位控制联锁主要包括：①污水缓冲罐液位低低联锁污水缓冲罐液相 ESDV 阀全关，污水缓冲罐液相 LV 阀根据液位自动联锁全开或者全关；②生产分离器液位低低联锁生产分离器液相 ESDV 阀全关，生产分离器液相 LV 阀根据液位自动联锁全开或全关；③火炬分液罐液位高高自动启动罐底泵，液位低低自动停罐底泵。其调试方法与场站调试一致。

2)压力控制联锁

在氮气气密结束后，对站内所有压力控制联锁进行验证，考验压力控制联锁是否能在带压状态下正常联锁。站内压力控制联锁主要包括：①进站压力高高联锁场站 ESD-4 关断，进站压力低低联锁场站 ESD-4 关断；②出站压力高高或压力低低联锁场站 ESD-3 关断。其调试方法与场站调试一致。

3)逻辑关断联锁

在氮气气密结束后，对站内所有逻辑关断联锁进行验证，考验逻辑关断联锁是否能在带压状态下正常联锁。站内逻辑关断联锁主要包括：①进站压力高高联锁场站 ESD-4 关断，进站压力低低联锁场站 ESD-4 关断(在压力控制联锁测试时已完成测试)；②出站压力高高或压力低低联锁场站 ESD-3 关断(在压力控制联锁测试时已完成测试)；③逃生门 ASB 按钮按下联锁场站泄压关断；④手操台 ESD-3 关断按钮联锁场站 ESD-3 关断；⑤站内同一区域硫化氢与可燃气体探头大于或等于 2 个高高报警联锁 ESD-3 关断；⑥测试相应按钮是否能联锁对应的关断，每测试一个按钮，可仔细对照联锁结果是否符合设计要求，在测试泄压关断联锁时，需要将 BDV 做就地屏蔽，只观测 BDV 电磁阀是否掉电，不让氮气真实放空。

测试同一区域硫化氢与可燃气体探头大于或等于 2 个高高报警联锁 ESD-3 关断时，利用信号发生器给同一区域的两个火气探头“4～20mA”电信号模拟硫化氢气体与可燃气体高高报警，测试是否能正常联锁场站 ESD-3 关断，检查联锁结果后，恢复火气探头正常值，进行复位，检测是否能正常复位。若能正常联锁与复位，表示该项关断联锁符合要求。

5.4 酸气联调

5.4.1 联调总体思路

酸气联调主要是对酸气流程进行燃料气置换、严密性试验、酸气联调以及酸敏性试验等后续工作。

(1)燃料气置换：利用返输燃料气先对站内设备及管线进行吹扫置换，再将在氮气联调中残留的氮气从放空管道放空，同时检验流程的畅通性。

(2)严密性试验：燃料气置换完成后执行开井操作，利用从场站输过来的酸气，进行外漏检查。气密合格后，打开出站 BDV 旁通放空闸阀和节流截止放空阀，对主流程泄压至生产压力。

(3)酸气联调：首先执行开井操作，开井后通过调节一、二、三级节流阀，分别测试 3 个生产制度下的各级参数，然后将各级压力升至配产生产时的工作压力，过程中对节流阀开度与产量、压力的对应关系记录并分析。

5.4.2 调试前具备的条件

1)工程监督环保救援中心应急力量及环境监测部署

酸气投料试车期间应急力量依托工程监督环保救援中心，对站场进行全员、全过程、全方位监护。外围监测和应急力量部署由工程监督环保救援中心负责实施。

工程监督环保救援中心根据站场实际情况，进行物资配置：应急救护车、消防车、气防车、强风车,、环境监测设施、应急照明、自用空呼气瓶/噪声监测设备。

2)人员准备

酸气联调相关人员均经过考核，达到上岗条件上岗。

3)技术资料准备

操作规程、资料台账、运行记录、各级应急预案、管理制度、酸气联调方案、试运投产方案全部编制完成，并经相关部门审批通过。

4)隔离到位

盲板等隔离措施准备到位。仪表风、吹扫器、燃料气等与主管道之间的隔离已完成。

5）企地联动应急疏散模式已经建立

应急状态下的疏散工作已准备到位，居民按照企地双方共同确定的站场逃生路线和集合点进行疏散。

6）疏散及告知已完成

已经建立应急广播使用管理规定，在应急预案启动后，开始使用应急广播，对周边群众进行广播告知，以利于稳定民心或统一指挥疏散。

7）与净化厂对接已完成

已经与净化厂相前人员做好对接，能够保证净化厂厂区隔离已到位；联调或放空时火炬意外熄灭，第一时间有人进行手动点火恢复；关断测试时，再进行关断信号确认及回复；净化厂告知和疏散措施已实施到位。

5.4.3 安全物资准备

1）消防器材配备到位

酸气联调时消防器材按设计1.5倍配置（见表5-8）。

表5-8 集气总站酸气联调消防器材配置表

场站	名称	单位	数量	备注
集气总站	手提式磷酸铵盐干粉灭火器（MF/ABC8）	具	6	
	落地式灭火器箱	个	4	
	软密封喷塑闸阀（DN50）	个	1	室外
	PE给水管（DN50、$p=0.6$MPa）	m	50	室外
	消防沙箱（$V=2m^3$）	座	1	
	消防器材箱（2.36m×2.0m×0.55m）	个	1	
	箱内配置：			
	推车式磷酸铵盐干粉灭火器（MFT/ABC50）	辆	3	
	手提式磷酸铵盐干粉灭火器（MF/ABC4）	具	4	
	沙桶	个	4	
	消防锹	把	4	
	手提式二氧化碳灭火器	具	6	

2）正压式空气呼吸器配备到位

酸气试运期间进入站场300m、酸性气管线埋地40m内或者裸管处200m范围要佩戴气防器具，进入流程区人员备用气瓶配置比例为：空气呼吸器1∶3，面罩、背架按1∶1.2配置；站控室人员备用气瓶和面罩背架配置比例为1∶1.2；工程监督环保救援中心4人自备空气呼吸器；便携式硫化氢检测仪1个/人。

3）其他物资准备

（1）试电笔2只、万用表2个；绝缘手套2副；手操器2台。

（2）水枪（喷壶）8个、毛刷、小桶、记号笔、试验记录表等。

(3)肥皂(发泡剂)。

(4)手套足量。

(5)雨衣30套、防雨棚3套。

5.4.4 流程确认

1)确认要求

在每道工序变化之前都需要严格按照方案和阀门状态确认表对流程进行重新确认，主要是对工艺阀门、自控阀门、仪表根部阀、仪表的工作状态、盲板状态进行确认。

2)确认顺序

首先确认主工艺流程，然后确认辅助工艺流程，即进站收球筒区→生产分离器区→外输区→汽提塔区→火炬分液灌区→酸液缓冲罐区→燃料气调压区。阀门状态确认见表5-9。

表5-9 集气总站阀门确认表

序号	区域	阀门说明	阀门编号	阀门状态	操作人	确认人
1	主工艺流程区	4#线收球筒进站ESDV阀	1	开		
2		4#线收球筒前过清管三通的第一个球阀	2	开		
3		4#线收球筒进汇管B前第一个闸阀	3	开		
4		4#线收球筒进汇管A前第一个闸阀	4	开		
5		1#线收球筒进站ESDV阀	5	开		
6	……					

5.4.5 燃料气吹扫

(1)打开燃料气吹扫口球阀，注入压力为0.6~0.8MPa燃料气，打开出站BDV旁通阀门以及汽提塔放空阀门，用燃料气对联调流程内设备及管线进行置换吹扫30min，在流程上的仪表放空口对氮气含量进行检测，同时对酸气联调流程畅通性进行检验。

(2)确认联调流程畅通，关闭井口燃料气吹扫口，为了防止在主流程气密时以及在正常生产时高压酸气进入燃料气管线，引起燃料气管线爆管问题，需要将燃料气与主流程断开。

5.4.6 酸气气密

(1)酸气气密前，对流程中各阀门开关状态确认，根据阀门联调状态表对所有阀门状态进行确认(见表5-9)。

(2)确认完成后，将集输管网内的酸气引入集气总站。

(3)利用集输管网内酸气对集气总站内的主工艺管道进行升压，升压过程分为3次，分别在3.2MPa、6.4MPa、9.6MPa共3个压力级别进行验漏，在9.6MPa稳压30min，无压降无漏点即为合格(注意：在压力达到各安全阀起跳压力之前，需提前关闭安全阀前的闸阀，以免造成安全阀起跳)。

5.4.7 敏感性试验

手动泄压至6.0MPa，保压48h，对站内设备及管线进行敏感性试验，考核设备、管材、密封件等在高压硫化氢环境下的密封效果。

注意：在敏感性试验过程中，值班人员须定期巡检记录相关参数，每4h保证对全站流程进行一次全面验漏工作，同时站控室须有专人看护井口区域压力，避免因关断不严而造成的憋压事故。

6 污水处理及回注系统调试

6.1 调试前准备

6.1.1 现场准备

根据污水综合处理工程建设施工统筹计划安排，已经全部完成“三查四定”问题整改消项、中交问题及安全条件检查问题的全部消项工作。建设施工废弃物已经全部清除，污水处理站水电气三通、各类动静设备、仪器仪表等相关技术资料全部齐全。

6.1.2 方案准备

为了全面验证设备橇块的硬件和软件是否与设计一致，需全面验证各动力设备运行正常，接地正常，在运行过程中无振动、无噪声、无跑冒滴漏的情况发生；各流程之间畅通无阻，清水联运运行正常，药剂加注系统正常运行，污泥压滤、尾气处理、污水接收、回收等流程正常；考核埋地玻璃钢管线、药剂加注管线、密封件等在水处理工艺设备连续运行条件下的密封效果；验证分析化验仪器仪表在水处理工艺设备连续工作条件下运行是否正常；考核自控控制系统、仪器仪表等工作正常，能够实现液位高、低报警，加药系统能够根据来水量自动调整加药速度，污水回收泵能够根据液位的变化情况自动启停；就地示值与中控室示值是否一致，自控部分联锁是否正常。根据污水处理整体情况分别编制单调方案和联调方案。

6.1.3 机具准备

调试专用工具及便携仪表、设备备品备件全部到位。污水处理调试工器具清单见表6-1。

表6-1 污水处理调试工器具清单

序号	名称	型号	数量	单位	备注
1	石工锤	YT-4553	1	件	
2	羊角锤		1	件	
3	钟表起子		1	套	
4	游标卡尺	150mm	1	件	
5	剥线钳		1	把	
6	英制内六角	BM-C9IN	2	套	
7	管割刀	RIDGID 35S 6~35mm	1	套	

续表

序号	名称	型号	数量	单位	备注
8	压线钳	CP-462G	1	个	
9	斜口钳	6in	2	个	
10	HART475	475HP1ENA9GM9	1	个	
11	机械万用表	500 型，配电池	1	个	
12	信号发生器	MS7235	1	套	
13	直流电阻箱	ZX25A	1	套	
14	绝缘螺丝改刀批组		2	套	
15	便携恒温烙铁	内热式 60W	1	把	
16	焊锡丝	0.5kg	1	卷	
17	公制内六角	NM-B9	2	套	
18	尖嘴钳	8in	4	把	
19	钢丝钳	6in	4	把	
20	卡簧钳	300in	1	套	
21	数字万用表	17B	2	个	
22	钳形电流表	UT206	2	个	
23	美工刀		2	件	
24	刀片	M50	1	件	
25	斜口钳	6in	2	个	
26	钢锯	JTA-300	1	套	
27	锯条	12in	10	条	
28	梅花敲击扳手	34mm	1	把	
29	梅花敲击扳手	36mm，YT-1605	1	把	
30	梅花敲击扳手	38mm，YT-1606	1	把	
31	两用扳手	24 件套	2	套	
32	橇棍	20×600，YT-46802	2	个	
33	平锉	10in	3	把	
34	三角锉	8in	3	把	
35	三角锉	10in	3	把	
36	圆锉	6in	3	把	
37	圆锉	8in	3	把	
38	圆锉	10in	3	把	
39	方锉	6in	3	把	
40	方锉	8in	3	把	
41	方锉	10in	3	把	
42	3m 铝合金人字梯	BL-206	1	个	

续表

序号	名称	型号	数量	单位	备注
43	防爆 F 扳手 铍青铜	300mm	5	把	
44	防爆 F 扳手 铍青铜	400mm	5	把	
45	防爆 F 扳手 铍青铜	500mm	5	把	
46	防爆 F 扳手 铍青铜	600mm	3	把	
47	防爆 F 扳手 铍青铜	800mm	3	把	
48	防爆 F 扳手 铍青铜	1000mm	2	把	
49	防爆 F 扳手 铍青铜	1200mm	2	把	
50	黄油枪	DL2603	4	把	
51	管钳	200mm	2	把	
52	管钳	300	1	把	
53	管钳	450	2	把	
54	管钳	600	2	把	
55	活动扳手(全尺寸)	全尺寸	2	套	
56	套筒扳手	21～65mm(26 件)	2	套	
57	梅花扳手	DL0212(5.5～32mm)	2	套	
58	安全带	标准	3	条	
59	安全带	标准	1	条	
60	防爆移动工作灯		6	台	
61	消防轻型安全绳	8mm×20m 阻燃防腐	1	根	
62	高压清洗机		1	台	
63	松动剂	B－1165	20	瓶	
64	活动扳手	6in	2	把	
65	活动扳手	8in	2	把	
66	吊葫芦	2t	1	个	
67	吊带	2t	1	条	
68	卷尺	5m	1	件	
69	卷尺	7.5m	1	件	
70	铜活动扳手	10in	2	件	
71	铜活动扳手	12in	2	件	
72	铁剪子	qhss－195	1	把	
73	防爆敲击梅花扳手	30mm，113－09	1	把	
74	防爆敲击梅花扳手	32mm，113－10	1	把	
75	防爆敲击梅花扳手	34mm，113－11	1	把	
76	防爆敲击梅花扳手	36mm，113－12	1	把	
77	C 型板手	200mm 双头	3	把	

续表

序号	名称	型号	数量	单位	备注
78	红外测温仪	UT－301C	3	台	
79	轴承振动检测仪	EMT226	3	台	
80	节能强光防爆电筒		12	台	
81	场内自行车		4	辆	
82	防爆听音针	FB－31－500	8	台	
83	测速/频闪仪	DB230	2	台	
84	数字兆欧表	F1508	1	只	
85	电动吹风机	750W	2	台	
86	低压验电笔	AC250V	4	个	
87	工具包		6	个	
88	电工组合工具	12 件套	2	套	
89	工具柜	1. 2m×1m×0. 5m	1	个	
90	工具柜	1. 4m×1m×0. 4m	1	个	
91	货架	3m×1. 5m×0. 4m	2	个	
92	吊葫芦	0. 5t	2	个	
93	吊带	0. 5t	2	条	
94	平板尺	0. 1m	2	个	
95	塞尺	2～100mm	2	套	
96	手枪钻		1	个	
97	钻头		1	套	
98	台虎钳		1	个	
99	绝缘螺丝改刀批组	YT－2827	3	套	

6. 1. 4　人员准备

场站岗位人员均经过培训考核，达到上岗条件。施工方、各设备厂家已全部到达现场。

6. 2　设备单调

6. 2. 1　电力系统调试

电力系统调试包括控制柜内电器元件、控制线路测试及就地手动启闭控制测试。

(1)电气选型开机前检查，主要是检查柜内的空气开关、交流接触器、热继电器、熔断器浪涌保护及电源配线等，以及继电器保护电流设置是否合理等。

(2)动力电接线紧固性开机前检查，检查柜内及设备接线盒内的接线紧固性，避免因松动造成电源缺相或接头过热情况。

(3)点动测试：通过对各电动设备的点动测试，检查电气控制的启闭功能、设备保护装置(空气开关、热继电器、熔断器等)的功能是否正常，设备运转指示灯显示是否正常，设备急停按钮工作是否正常，手自动开关切换是否正常。

(4)橇块整体及配电柜防雷接地的检查。

6.2.2 常规远传仪表调试

常规远传仪表调试包括橇内压力表、液位计、流量计、pH 值计等仪表的测试。

(1)检查仪表的灵敏度、精密度、变送器信号反馈功能等。

(2)磁翻板液位计排污底阀的开关检查。

(3)流量计瞬时流量监测及累计流量计算功能测试。

(4)检查仪表的防雷接地。

(5)检查仪表变送器配套浪涌保护器选型是否合适。

(6)pH 值计应通过不同酸碱度的标液进行标定。

6.2.3 火气仪表调试

场站火气设备主要包括声报警器、防爆状态指示灯、有毒气体探测器、可燃气体探测器、火焰探测器、感烟探测器、感温电缆和防爆手动报警按钮 8 种设备，用以检测场站酸气泄漏、火灾等危险事故，并联锁报警实施紧急关断以保障生产工艺与生命财产安全。

1)有毒气体探测器调试

(1)有毒气体探测器信号特性。①接线形式：三线制；②供电电压：24VDC；③信号特性：4～20mA、AI；④高高报警值：20ppm；⑤高报警值：10ppm。

(2)调试步骤。

①调校。a. 在站控室 SIS 机柜上给有毒气体探测器上电，并连接信号线，等待 2h；b. 现场用调试专用工具进入设置中的零位调校模式，然后点击“E”(Enter)进入校零操作；c. 选择零值(默认零值浓度为大气浓度)，点击“E”确定；d. 选择量程 25ppm，点击“E”确定；e. 通入硫化氢标气，待稳定后，点击“E”确定，调校完成。

②通气测试。a. 拆下有毒气体探测器防雨帽，拧上接头，插上通气软管；b. 拧开 H_2S 标气瓶开关，开始通气；c. 通气直至变送器显示 10ppm 时，上位机火气界面上有毒气体探测器显示黄色，至 20ppm 时，探测器显示红色，上位机界面上显示数据与就地显示一致(一般默认误差 1ppm)，场站状态指示灯黄灯闪烁，调试成功；d. 拔下软管，拧下接头，拧上防雨帽。

(3)常见故障排除。

通入标气稳定后，有毒气体探测器显示小于 10ppm，则首先需要按照调校操作步骤逐步选择量程 10ppm、15ppm、20ppm、25ppm 进行调校，然后重新进行通气测试。

硫化氢探测器在出现故障后，一般在表头都有报警信息，例如 SMC－5100－IT 的硫化氢探测器上电后显示 cal -180 等数据，则首先需要在站控室断开有毒气体探测器电源，然后打开有毒气体探测器，将浪涌保护器接线与仪表电源信号线重新进行接线，最后再进行通气测试。

2）可燃气体探测器调试

（1）可燃气体探测器信号特性。①接线形式：三线制；②供电电压：24VDC；③信号特性：4～20mA、AI；④高高报警值：50% LEL；⑤高报警值：25% LEL。

（2）调试步骤。①在站控室 SIS 机柜上给可燃气体探测器上电，并连接信号线。②拧上接头，插上通气软管，开始通气。③待气源稳定后，探测器显示 50% LEL，上位机火气界面上显示 50% LEL（一般默认误差小于 2% LEL），现场状态指示灯黄灯闪烁，调试成功；通气过程中界面上探测器显示 25% LEL 时，探测器显示黄色，探测器显示 50% LEL 时显示红色。④拆下软管，调试完成。

注意：此处用 50% LEL 标准气体。

（3）常见故障排除。

在现场没有可燃气体的情况下探测器不显示零值，此时则需要用校准器对探测器进行清零操作，用校准器对准探测器按“Zero”键即可实现清零操作。

通入标准气体稳定后探测器显示小于 50% LEL，此时则需要用校准器对探测器进行调校。例如 MSA 的可燃气体探测器调试步骤为：①长按“Span”键，直至探测器显示“Call = Y”；②按“1”键进入程序；③选择零值，默认零值浓度为大气浓度，确定；④通入标准气体，待稳定后确定，调校完成；⑤重新通气进行调试。

3）火焰探测器调试

（1）火焰探测器信号特性。①接线形式：四线制；②供电电压：24VDC；③信号特性：4～20mA、AI。

（2）SIS 机柜线路调整。火焰探测器接线形式为四线制，即一对电源线和一对信号线，有时根据现场的需要，也可将四线制接线调整为三线制接线。

（3）调试步骤。①在站控室 SIS 机柜上给火焰探测器上电，并连接信号线；②用火焰模拟器对准火焰探测器，用手长按红色按钮触发模拟火焰，数秒后火焰探测器显示红色，场站状态指示灯红灯闪烁，声报警器报警，站控室界面上火焰探测器、状态指示的灯、声报警器均显示红色，调试成功。

4）感烟探测器调试

（1）感烟探测器信号特性。①接线形式：两线制；②供电电压：24VDC；③信号特性：4～20mA、AI。

（2）调试步骤。①在站控室 SIS 机柜上给感烟探测器上电；②用烟雾模拟气对准感烟探测器进行喷射；③上位机人机界面上感烟探测器显示红色，站控室声/光报警器报警，调试成功。

6.2.4 PLC 控制系统调试

PLC 手动及自动控制功能以及通信的测试。

(1)I/O 组件检查：检查 I/O 组件编码牌与图纸是否一致，控制及仪表数据信号接入是否齐全。

(2)PLC 手动控制功能测试：将现场控制面板手自动打开至手动位置，通过 PLC 就地控制面板手动启闭各电动执行机构，并观察其运行状况。

(3)PLC 自动控制功能测试：按照工艺要求，测试 PLC 按照预设逻辑实现自动控制的功能(时间控制、液位控制、压力及液位保护联锁功能测试)的效果，并按照实际运行情况进行适当优化(厂家完成)。

(4)配套中控系统测试：远端点动控制设备启停；正确显示设备的运行状况(运行、停机、故障)；远端设备故障报警测试及主要设备故障后的联锁停机功能测试。

(5)信号反馈测试：电动装置的运行状态信号反馈、设备故障信号反馈及报警功能，橇块内液位、压力、流量、pH 值、阀位等信号的反馈及数据偏差(表盘与自控系统)。

6.2.5 阀门调试

1)阀门灵活度检查

阀门开关是否灵活，是否能全开全关到位。

2)阀门附件检查

(1)检查现场阀门附件是否齐全、是否正确安装及紧固到位(注脂孔、注脂盖、手轮、手柄、排污丝堵等，金属丝扣是否使用四氟带)。

(2)所有涉酸法兰连接处必须使用抗硫金属缠绕垫、金属环垫(油建安装过程中可能会使用普通钢板、四氟垫、石棉垫，压力为 18MPa 及以上流程与酸直接接触部分金属环垫必须为镍基 825 材质)。

(3)现场所有螺栓必须紧固到位且出头三扣，同一件法兰连接螺栓必须统一配套。

(4)现场所有 4 孔法兰必须做好跨接(安装法兰盲板处 4 孔以上法兰的跨接，跨接铜皮宽度为 4 ~ 5cm)。

(5)检查橇块基础、管墩、阀墩是否有预埋件，设备及管线、管件是否紧固可靠，硬性支撑及硬性固定是否有软胶垫。

(6)流程管道、阀门、钢结构锈蚀点重新除锈刷漆防腐，法兰盲板除锈刷漆防腐，“8”字盲板等需保护部件除锈上油保护，按照设计标准执行。

(7)损坏及变形保温层修复，按照设计标准执行。

3)阀门除锈注脂保养

阀门活动部件除锈注脂(阀杆需全部升起后除锈注脂)，外表面及执行机构内表面锈蚀部分除锈上油。

4)紧固件除锈除漆保养

螺栓螺母除锈除漆并整体上油(施工单位安装后喷漆可能会大量喷在螺栓螺母上)。

5)安全阀拆卸、送检、回装

根据指令拆卸安全阀并移交相关人员送检，效验完成后根据指令回装(做好拆装记录、移交记录，所有物资去向要有据可查，拆卸后保管好螺栓垫片等附件，现场空置法兰做好保护)。

6)阀门拆除

根据工艺需要，按照盲板封堵方案拆除制定阀门(注意：拆除前对阀门两端管线法兰做支撑固定，吊运时保护法兰密封面、垫片、排污阀、丝堵，拆除后清理密封面上油保养并使用塑料膜保护阀门，对永久性拆除的阀门要搬运至指定地点摆放整齐并让相关人员签收，移交清单至班组存档)。

7)阀门或执行机构换向

根据现场情况，按要求对阀门或执行机构换向(蜗轮蜗杆要与阀杆完全闭合，可适当对阀杆加注润滑脂，换向后注意检查阀门实际开关状态与限位开关或指示板是否吻合)。

6.2.6 机泵调试

机泵调试包括橇内各泵浦、电(气)动阀门、手动阀门的开关测试。

(1)对于泵类设备，注意运转时的电流、电机温升、轴温升、震动、旋转方向以及润滑油量等情况，且要观察基座螺栓有无松动、盘根有无漏液等。

(2)对于阀门测试，注意调试电(气)动阀门的开关速度及紧密度，同时调整好阀门的行程开关(避免影响阀门开度和密闭导致开关不到位的情况)。通过开到位和关到位的方式检查阀位表盘的精准度。

(3)检查气动开关的手动放气换向阀及气源三联件的功能是否正常，检查仪表风配管有无漏气情况。

(4)检查全部机电及手动设备的紧固情况，管道是否固定稳妥且刷漆。

6.3 污水处理及回注系统清水联调

6.3.1 联调目的

1)污水处理站联调目的

(1)通过联调检测设施设备的性能指标。

(2)考核埋地玻璃钢管线、药剂加注管线、密封件等在水处理工艺设备连续运行条件下的密封效果。

(3)验证分析化验仪器仪表在水处理工艺设备连续运行条件下运行是否正常。

(4)考核自控系统的运行状况，就地示值与中控室示值是否一致，自控部分联锁是否正常。

(5)考核水处理工艺的可靠性和安全性。

2)回注站联调目的

(1)考核高压注水管线、密封件等在回注站连续运行条件下的密封效果。

(2)验证移动式注水泵橇块和高架注水罐橇块在连续工作条件下运行是否正常。

(3)考核自控仪表、阀门的运行状况，就地示值与远传示值是否一致，自控部分联锁动作是否正常。

(4)考核污水回注工艺的可靠性和安全性。

(5)对站外输送管线及回注管线进行冲洗，防止在污水处理站处理达标的水输送至回注站的过程中被再次污染。

6.3.2 编制依据及内容

1)编制依据

主要依据国家、行业、企业环保标准以及中国石化集团公司下发文件，参考化工行业水处理相关技术规范和设备说明书等。

(1)法规。

①《中华人民共和国环境保护法》主席令第22号(2014)；

②《中华人民共和国水土保持法》主席令第39号(2010)；

③《建设项目(工程)劳动安全卫生监察规定》劳动部令第3号(1996)；

④《建设项目环境保护管理条例》国务院令第253号(1998)；

⑤《中华人民共和国水法》全国人大常委会(2002)；

⑥《中华人民共和国消防法》主席令第6号(2009年5月1日起施行)。

(2)标准规范。

①《油田采出水处理设计规范》(GB 50428—2007)；

②《碎屑岩油藏注水水质推荐指标及分析方法》(SY/T 5329—2012)；

③《高含硫气田水处理及回注工程设计规范》(SY/T 6881—2012)；

④《气田水回注方法》(SY/T 6596—2004)；

⑤《含硫油气田硫化氢监测与人身安全防护规程》(SY 6277—2005)。

2)编制的主要内容

编制的主要内容包括联调概述、工程概况、编制依据及内容、组织机构及职责、准备工作及检查确认、联调方案、HSE管理措施和生产应急处置措施8个方面。

6.3.3 组织机构及职责

污水站联调组织机构见图6-1。

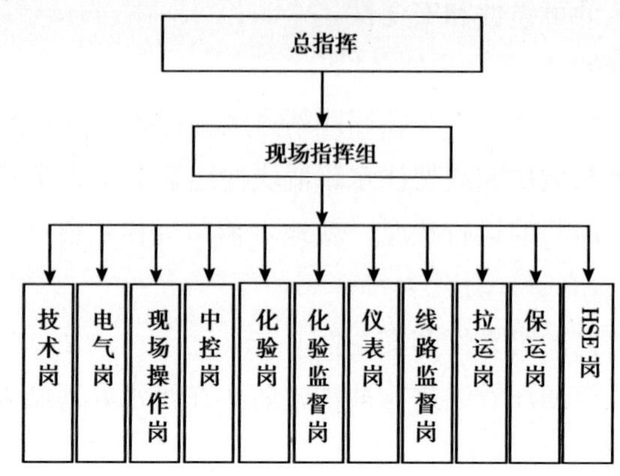

图6-1　污水站联调组织机构图

1)污水化验现场指挥组

其工作职责为：

(1)对污水处理站及回注站联调领导小组负责，全面负责污水处理站清水联调和净化厂检修废水的联调工作的指挥、组织和调度，保障污水处理站和回注站联调工作安全运行。

(2)负责接受污水处理站联调领导小组下达的污水处理站清水联调和净化厂检修废水联调投运命令，并指挥现场相关清水联调和净化厂检修废水的联调工作。

(3)负责现场应急处置及抢险方案的审核。

(4)负责污水处理站、回注站联调的现场操作以及现场遗留问题的销项整改。

(5)负责清水联调过程中的安全、环保、职业卫生、应急救援工作，保障污水处理站联调安全平稳运行，统一协调各岗位间联调工作。

(6)站长负责落实污水化验指挥组下达各项指令。

(7)站长依据《污水站联调实施方案》，指挥污水站联调现场各岗位人员的工作。

2)技术岗

其工作职责为：

(1)负责污水处理站的清水联调和净化厂检修废水联调的技术指导。

(2)负责联调期间药剂加注方案等编制工作。

(3)根据水质分析化验结果，及时调整药剂加注方案及工艺参数。

(4)负责回注站的清水联调及气田水处理水的联调工艺技术工作。

3)电气岗

其工作职责为：

(1)全面负责污水处理站、回注站清水联调和净化厂检修废水的联调过程中电力设备的投用，观察各基本设备性能运行参数，记录并及时汇报异常状况。

(2)熟悉相关工艺参数、操作规程和事故处理方案，保障污水处理站联调的平稳安全运行。

(3)坚守工作岗位，处理联调时机电气使用时的紧急状况。

4)现场操作岗

其工作职责为：

(1)全面负责清水联调过程中的现场操作。

(2)熟练掌握相关岗位的工艺流程、操作规程、工艺参数和事故处理方案，严格按照相关规程进行操作。

(3)严格执行联调调度指令，及时向相关领导汇报联调试车情况。

(4)负责现场工艺设备操作、工艺流程切换、现场应急处置等各项工作。

(5)污水处理站及回注站来水监管人员负责污水站联调期间应对进站来水的相关操作。

(6)验漏人员负责及时找出站场范围内工艺流程及设备管线的泄漏点。

(7)总站相关人员负责总站范围内污水缓冲罐和污水汽提塔的相关操作。

5)中控岗

其工作职责为：负责联调时自控系统的操作，观测整个污水处理站、回注站远传仪表的参数(压力、液位、流量)，观测各流量计传输的数据，对站内可能出现的报警进行确认，并与现场人员保持联系。

6)化验岗

其工作职责为：

(1)取样人员负责污水处理站清水联调和净化厂检修废水的联调过程中各橇块取样口的取样工作；协调化验分析人员，跟进联调时运行水质状况，记录并及时汇报异常数据。

(2)化验人员负责联调期间水质分析，定期对联调介质进行分析与化验、水质异常情况及时上报，并配合水处理运行人员查明原因。

(3)化验人员负责坚守工作岗位，按规定做好各项定期工作，保证各项化验数据及时性、准确性、有效性，负责记录各类化验分析报表的记录。

(4)全面负责监督检测回注站清水联调及气田水处理水联调过程中各橇块取样口的取样水质指标。

(5)负责回注站清水联调及气田水处理水联调过程中各橇块取样口的取样工作。

7)化验监督岗

其工作职责为：全面负责监督检测污水处理站清水联调和净化厂检修废水的联调过程中各橇块取样口的取样水质指标。

8)管线监督岗

其工作职责为：

(1)全面负责污水处理站及回注站联调期间回注管线的巡检工作。

(2)及时向污水化验现场指挥组上报回注管线有无泄漏等情况，并负责解决回注管线联调时产生的相关问题。

(3)负责按照污水化验现场指挥组的要求进行回注管线各阀室的相关操作和阀门开关状态确认等工作。

(4)按污水化验现场指挥组的要求，提前准备好巡线用工用具及管卡等维保应急物资。

9)仪表岗

其工作职责为：

(1)负责污水处理站及回注站清水联调过程中的仪讯控投用，观察各仪讯控设备性能运行参数，记录并及时汇报异常状况。

(2)熟悉相关工艺参数、操作规程和事故处理方案，保障污水处理站联调的平稳安全运行。

(3)负责处理联调时仪讯控使用时的紧急状况。

10)保运岗

其工作职责为：

(1)负责联调期间应急物资的保障工作。

(2)负责提前准备好联调所需的各类物资和工用具。

(3)负责联调工艺设备管线的紧急事件的分析处理工作。

(4)负责联调期间的工艺设备管线保运工作。

(5)负责场站调试人员的衣食住行安排。

(6)负责联调期间的油地协调和宣传工作。

11)HES 岗

其工作职责为：

(1)负责编制、报审和落实 HSE 保障及应急预案，细化 HSE 保障计划并组织实施。

(2)督促指导联调相关应急预案及事故疏散。

(3)负责污水处理站联调安全条件检查确认。

(4)及时督促消除安全隐患。

6.3.4 施工前具备的条件

联调前，组织对联调前条件进行检查确认。其具体内容为：

(1)工程已办理中间交接手续：①“三查四定”的问题整改消项完毕，遗留尾项已处理完。影响联调的设计变更项目已施工完。②站场内施工用临时设施已全部拆除；现场清洁、无杂物、无障碍。③设备位号、阀门编号、流向标志齐全。系统氮气置换、燃料气气密完成。

(2)设备单调已完成：①计算机仪表联校等已完成并经确认；②设备处于完好备用状态；③在线分析仪表、仪器经调试具备使用条件、工业空调已投用；④仪表、计算机的检测、控制、联锁、报警系统调校完毕，防雷防静电设施准确可靠；⑤现场消防、气防器材及岗位工器具已配齐；⑥单调问题已经整改完。

(3)人员培训已完成：①已进行岗位练兵、模拟练兵、反事故练兵，达到“三懂六会”

(三懂：懂原理、懂结构、懂方案规程；六会：会识图、会操作、会维护、会计算、会联系、会排除故障)，提高“六种能力”(思维能力，操作、作业能力，协调组织能力，反事故能力，自我保护救护能力，自我约束能力)。②各工种人员经考试合格已取得上岗证(部分工种需要取得当地政府部门资格证)。

(4)各项生产管理制度已落实：①岗位分工明确，班组生产作业制度已建立；②联调指挥系统已落实，指挥人员已值班上岗，并建立例会制度；③各级生产调度制度已建立；④岗位责任、巡回检查、交接班等相关制度已建立；⑤已做到各种指令、信息传递文字化，原始记录数据表格化。

(5)联调各种方案已落实：①经批准的安全操作技术规程、联调方案等已经人手一册，已组织生产人员学习并掌握；②每一联调步骤都有书面方案，从指挥到操作人员均已掌握；③已实行“看板”或“上墙”管理；④已进行联调方案交底、学习、讨论；⑤事故处理预案已经制定并已经过演练。

(6)保运工作已落实：保运的范围、责任已划分；保运队伍已组成；保运人员已经上岗并佩戴标志；保运装备、工器具已落实；保运值班地点已落实并挂牌，实行24h值班；保运后备人员已落实；物资供应服务到现场，实行24h值班；机、电、仪维修人员已上岗；依托社会的机电仪维修力量已签订合同。

(7)压力、流量、水质符合工艺要求，运行可靠。

(8)供电系统已平稳运行；仪表电源稳定运行；应急电源已落实，事故发电机处于良好备用状态；调度人员已上岗值班；供电线路维护已经落实，人员开始倒班巡线。

(9)仪表风系统运行正常，压力、流量、露点等参数合格。

(10)化工原材料、润滑油(脂)准备齐全。化工原材料、润滑油(脂)已全部到货并检验合格；润滑油三级过滤制度已落实，设备润滑点已明确。

(11)备品配件齐全。备品配件可满足联调需要，已上架，账物相符；库房已建立昼夜值班制度，保管人员熟悉库内物资规格、数量、存入地点，出库及时准确。

(12)通信联络系统运行可靠。指挥系统通信畅通；岗位；调度、火警、急救电话可靠好用；无线电话呼叫清晰。

(13)物料贮存系统已处于良好待用状态。

(14)安全、消防、急救系统已完善。①安全生产管理制度、规程、台账齐全，安全管理体系建立，人员经安全教育后取证上岗；②动火制度、禁烟制度、车辆管理制度等安全生产监督管理制度已建立并公布；③道路通行标志及其他警示标志齐全；④消防巡检制度、消防车现场管理制度已制定，消防作战方案已落实，消防道路已畅通，并进行过消防演习；⑤岗位消防器材、护具已备齐，人人会用；⑥救护措施已落实，制定应急预案并演习；⑦现场人员劳保用品穿戴符合要求，职工急救常识已经普及；⑧生产装置烟火报警器、可燃气体和有毒气体监测器已投用，完好率达到100%；⑨安全阀试压、调校、定压、铅封完；⑩盲板管理已有专人负责，进行动态管理，设有台账，现场挂牌；⑪现场急救站已建立，实行24h值班。

(15)生产调度系统已正常运行。调度体系已建立，调度人员已配齐并考核上岗；联调调度工作的正常秩序已形成，调度例会制度已建立。

(16)环保工作达到“三同时”。生产装置“三废”预处理设施已建成投用；“三废”处理装置已建成投用；环境监测所需的仪器、化学药品已备齐，分析规程及报表已准备完成；环保管理制度、各装置环保控制指标、采样点及分析频率等经批准公布执行。

(17)化验分析准备工作已就绪。移动化验室已建立正常分析检验制度；化验分析项目、频率、方法已确定，仪器调试完毕，试剂已备齐，分析人员已持证上岗；采样点已确定，采样器具、采样责任已落实；模拟采样、模拟分析已进行。

(18)现场保卫已落实。现场保卫的组织、人员、交通工具等已落实；入站制度、高低压配电室等要害部门保卫制度已制定；与地方联防的措施已落实并发布公告。

6.3.5 物质准备

(1)消防器材的配备到位。联调时消防器材按设计1.5倍配置。灭火器配备清单见表6-2。

表6-2 灭火器配备清单

单位：个

井站	手提式磷酸铵盐干粉灭火器(MF/ABC8)	推车式磷酸铵盐干粉灭火器(MFT/ABC50)	手提式磷酸铵盐干粉灭火器(MF/ABC4)
污水处理站	20	8	
回注站			6

(2)气防器具配备到位，多种气体检测仪4个。

(3)防爆对讲机配备到位。其清单见表6-3。

表6-3 防爆对讲机配备清单

机构名称	对讲机数量/个
污水化验现场指挥组	3
现场操作岗	5
技术岗	1
电气岗	1
中控室岗	1
管线监督岗	7
拉运岗	1
保运岗	2
HSE岗	1
合计	20

(4)安全标志牌配备。安全标识标牌已配备到位。

(5)工用具准备工用具已配备到位。

管线监督岗所需工用具已配备到位(见表6-4)。

表6-4　管线监督岗所需配备的工用具清单

序号	名称	单位	数量
1	管钳	组	2
2	铁锹	把	2
3	活口扳手	把	6
4	管卡	个	3
5	巡线应急车辆	辆	2

(6)其他物资准备：①试电笔2只、万用表2个；②绝缘手套2副、耐酸碱手套2副、手套足量、防化服2套；③水枪(喷壶)4个、毛刷、小桶、记号笔、试验记录表等；④肥皂(发泡剂)；⑤装车软管2根、清水车配备到位；⑥雨衣15套。

6.3.6　总体思路

污水处理站的处理水包括两部分：净化厂检修废水和气井产出水。根据污水处理站的水处理工艺流程特点和处理水的水质特点，计划按清水联运、净化厂检修废水和气井产出水联运两个阶段进行污水处理站的联调。

通过在污水站处理达标的气田水、回注水通过外输泵输送至回注阀井三通处，通过控制该三通下游至回注站的控制阀，将回注站来水输送至回注井进行试注联调。

6.3.7　流程确认

1)水处理主流程确认

(1)气井产出水处理流程。气井产出水→气田水压力两相接收罐→气田水混凝沉降池→气田水过滤提升泵→双滤料过滤器→金刚砂过滤器→气田水压力两相缓冲罐→气田水外输泵→外输管线。

(2)主流程说明。

①压力两相接收罐：因处理污水中含有硫化氢，特别是经气提处理后的污水，水中硫化氢更容易向外界扩散，因此本工程采用天然气密闭的压力两相接收罐来接收经气提处理后的气井产出水。

②混凝沉降池：其主要作用是去除水中的悬浮物，同时为保证水中硫化氢不扩散到大气中，对周围环境及人员健康造成危害，在混凝沉淀池顶部设置了溢出硫化氢气体收集装置；混凝沉淀池均设为两格，运行时一格工作，一格备用，两格交替运行。

③过滤装置：进一步去除水中的悬浮物，有效控制出水悬浮物的粒径中值，保证出水满足资源化及污水回注的要求。

④压力两相缓冲罐：保证污水外输泵，反输泵能够稳定运行。

2）回注主流程确认

（1）回注站主工艺流程：按照阀门开关状态确认表逐一进行检查确认（见图6-2）。

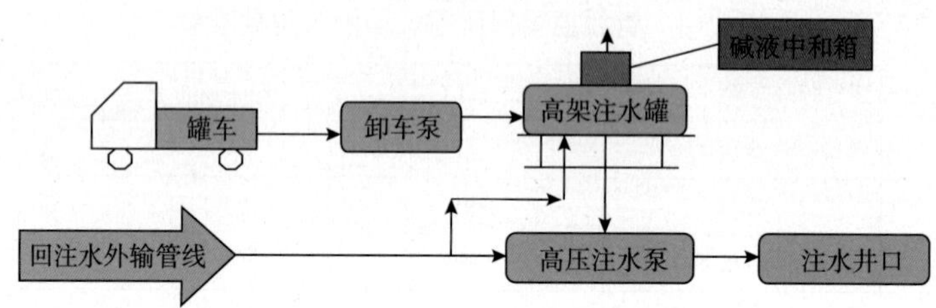

图 6-2　回注站主工艺流程图

（2）所需化学药剂已经到货，处于备用状态（见表 6-5）。

表 6-5　化学药剂准备清单

序号	名称	单位	存放地点
1	碱液	$2m^3$	库房

（3）回注站水质分析和污水站共用一套分析仪器，在污水处理站进行分析。

（4）联调用水来源已落实，处于备用状态。

（5）检查确认污水处理站所有安全阀开关状态。

（6）自控系统状态设置。

（7）电力系统正常投运。

（8）所有压力表、液位计、液位传感器等置于投用状态。

（9）联调工艺流程（见图 6-3）。

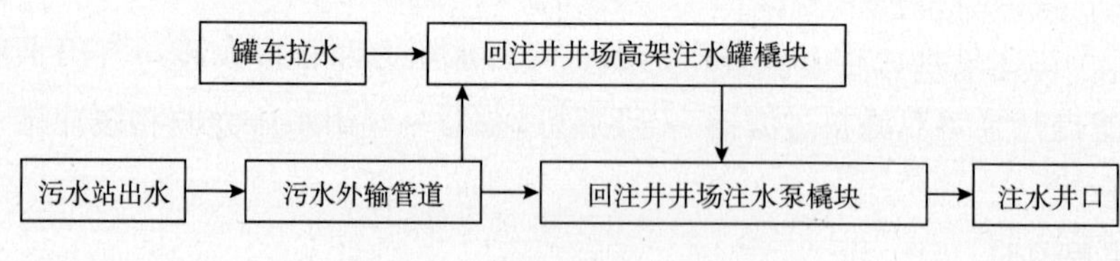

图 6-3　清水联调工艺流程图

6.3.8　污水处理站联调

1）清水和密闭气的来源和去向

（1）清水来源：采用净化厂场区内的生产用水作为污水处理站联调的水源。

（2）联调后清水去向：联运后的清水采用污水外输管线输送至污水处理站进行清水联运。联调后的清水进回注管线置换管内试压水，直至回注水水质置换合格，回注管线内的不合格回注水拉运至处理站处理。

（3）密闭气来源：采用集气总站调压后的燃料气。

(4)密闭气去向：采用低压放空管线进净化厂低压气回收系统

2)用水量及密闭气需求量

清水：300m^3；密闭气(燃料气)：约100m^3。

3)联调运行时间

持续运行48h。

4)联调范围

(1)界面：以集气总站污水缓冲罐污水进口管线处的控制阀为起点至污水处理站压力两相气田水缓冲罐橇块的出水口处止。

(2)设施与设备：压力两相气田水接收罐橇块、压力两相气田水缓冲罐橇块、净化厂废水缓冲罐、混凝沉降池、污油回收池、污泥浓缩池、污泥池、全自动双过滤料过滤器、全自动金刚砂过滤器、污泥螺旋压滤机橇块、刮泥机、加药装置、气田水回流泵、气田水过滤提升泵、净化厂水回流泵、净化厂过滤水提升泵、气田污泥提升泵、净化厂废水提升泵、污泥提升泵、气田水返输泵、风机、集气总站污水缓冲罐和污水汽提塔。

5)联调工艺流程

清水联调工艺流程见图6-4。

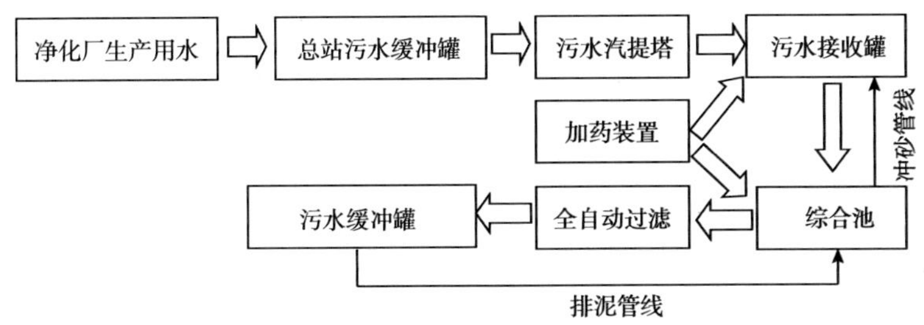

图6-4 清水联调工艺流程图

6)测试主要内容

(1)综合池：高高液位报警、高液位报警、低液位报警、低低液位报警、气动蝶阀高低液位连锁动作、液位就地值与远传值是否一致、刮泥机工作的稳定性、验漏。

(2)压力两相气田水接收罐橇块：高高液位、高液位、低液位、低低液位、工作压力、工作温度、流量、pH计在线监测的准确度、密闭气系统的自动稳压、进出水总阀的控制逻辑测试、进出水流量计与加药装置的连锁控制、气动阀门与中控室的连锁控制、液位流量信号的中控室示值与就地值是否一致、动静密封点的验漏。

(3)压力两相气田水缓冲罐橇块：高高液位、高液位、低液位、低低液位、工作压力、工作温度、流量、pH计的在线监测、密闭气系统的自动稳压、液位流量信号的中控室示值与就地值是否一致、外输泵和返输泵的连锁动作、进水总阀的控制测试、动静密封点的验漏。

(4)全自动双滤料过滤器：压差变送器的反冲洗报警、设备的运行状态与中控室显示是否一致。流量信号的中控室示值与就地值是否一致、动静密封点的验漏。

(5)全自动金刚砂过滤器：压差变送器的反冲洗报警、设备的运行状态与中控室显示是否一致；流量信号的中控室示值与就地值是否一致；动静密封点的验漏。

(6)污泥螺旋压滤机橇块：叠螺主体电机和自控系统工作的稳定性、动静密封点的验漏。

(7)单螺杆泵：流量、扬程、泵效、噪声、温度、振动、转速。

(8)离心泵和柱塞泵：流量、扬程、泵效、噪声、温度、振动。

(9)隔膜计量泵：流量、扬程、温度。

6.3.9 回注站联调

1)回注水来源和去向

采用回注站和污水处理站清水联调后的水经过回注管线输送至回注井，取样化验符合回注要求后，回注地层；如水质化验不合格，污水装车拉运至污水处理站重新处理。

2)回注水量

回注水量约为600m^3。

3)联调运行时间

持续运行约96h。

4)联调范围

(1)界面：以污水处理站高压注水泵出口为起点至回注站注水井井口处止。

(2)设施与设备：回注站到污水处理站站外输送管线、回注管线、高架注水罐橇块、注水泵橇块、注水井口、污水回收池。

5)联调步骤

(1)站内设备流程阀门初始状态检查。

(2)用软化水冲洗高架注水罐橇块。

(3)打开注水泵前进泵阀门、注水泵后出泵阀门，模拟不同压力值下泵的运行状况，低压声光报警(0.05MPa)、低低压声光报警(0.03MPa)、高压声光报警(36MPa)、高高压声光报警(37MPa)、液相流量就地值与远传值是否一致、验漏。

(4)验证进站管线压力高于5.5MPa情况下，水击保护阀是否自动开启。

(5)来水后检测水质情况，如水质符合回注要求即实施回注操作，如水质达不到回注要求，将污水排放至污水池。

(6)采用罐车拉水至回注站，通过卸车泵将罐车中的处理后气田水卸至高架罐内，通过高架罐出水管线自流进入注水泵橇块，验证高高液位报警(2.4m)、高液位报警(2.0m)、低液位报警(0.8m)、低低液位报警(0.5m)、液位就地值与远传值是否一致、验漏。

(7)硫化氢探头就地值与远传值是否一致。

（8）回注水指标：地层水回注推荐指标见表6-6。

表6-6 地层水回注推荐指标表

项目	推荐指标
悬浮物固体含量（$K \leqslant 0.2\mu m^2$）/（mg/L）	≤15
悬浮物颗粒直径中值（$K \leqslant 0.2\mu m^2$）/μm	≤3
含油/（mg/L）	<30
pH值	6～9

6.3.10 安全管理措施

1）停电应急处置措施

高低压配电室设备故障：10kV供电正常，高低压配电室内设备出现故障，造成站场电力无法供应，导致各系统无法正常运行。

应急处置：应急处置小组紧急检查室内电力设备存在的故障，包括：干式变压器、低压配电柜、UPS柜、直流开关电源柜及配电箱。

2）仪表风停风应急处置措施

站场仪表风停风，影响安全生产。

应急处置：

（1）切断仪表风进气总阀，检测仪表风供气管线压力，检查是否存在泄漏点，并修复管线。

（2）如上述故障不存在，则检查阀门是否存在故障。

（3）如上述故障不存在，则开启气动调节阀旁通管线。

（4）若某一气动阀不动作，首先检查气动阀门的执行机构，查其气动薄膜是否出现穿孔，阀杆、填料及缸体内腔是否出现磨损，检查阀位反馈器、放大器、电磁阀、限流开关，并立即修复或更换存在严重故障的零件；然后安装阀门，打开气动调节阀，并关闭旁通管线。

（5）处理上述故障，直到仪表风供气恢复正常。

3）管线泄漏应急处置措施

（1）站内工艺管线法兰、阀门及泵进出口等连接处泄漏：应切断上下游阀门，收集泄漏液体，修复泄漏点。

（2）站内阀门内漏：应切断上下游阀门，收集泄漏液体，更换阀门。

（3）站外回注管线泄漏：应立即停注水泵，应急巡线人员找出泄漏点，修复漏点，收集泄漏液体，采用应急罐车将泄漏液体拉至污水站进行处理。

第二篇
集输管线调试

本篇将集输管线调试划分为阀室调试和管线调试两种不同的类型。阀室作为集输管线的一部分，其前期只做单体调试，联动调试与集输管线一起进行，并从酸气管线调试、燃料气管线调试、污水管线调试三个部分进行详述，归纳了一套适用于高含硫气田集输管线调试行之有效的方法。

7 阀室调试

7.1 概述

阀室是高含硫气田集输系统管线为截断来气及监测管线压力所设的小型站库，阀室内安装了起截断作用的阀门，一般为自控阀门（BV 阀），阀门本身通常自带测压原件，用于检测管线压力；阀室内设有硫化器气体探测器与可燃气体探测器，用于监测有毒及可燃气体泄漏；阀室的控制系统负责接收阀室的各类远传数据，并将数据上传至控制中心，同时接收控制中心发送的各类命令。

7.2 阀室设备单体调试

阀室设备单体调试主要包括：对阀室电力系统、自控系统、通信系统、火气仪表、阀室 BV 阀等的调试。调试过程记录填入表 7-1，问题整改记录填入表 7-2。

表 7-1 阀室单体调试过程记录表

调试项目：	记录人：	时间：
(1) 调试内容： (2) 调试过程描述： (3) 调试中存在的问题及现场处理情况：		

表 7-2　××阀室单体调试问题整改记录

序号	发现时间	区域	问题描述	整改措施	整改时间	整改人	确认人	备注
1		BV 阀	BV 阀仪表控制盘未接地					
2		仪表间	控制柜未接地					
3			温度测量仪未送电					
4		其他	围栏未安装完成					
5			围栏门锁坏					

7.2.1　电力系统调试

阀室电力系统主要包括：高低压配电系统、UPS 系统、直流屏、阀室照明、防雷接地等。在阀室电力系统调试过程中，需检查电源电缆各项参数、接驳方式和绝缘测试；检查 UPS 机柜安装是否符合规范；检查蓄电池外观和接线端子、电压；在单机调试结束后进行并机调试，并机调试完成后逐一合上负载开关带动场站设备运行；检测各类照明设备是否工作正常，检测防雷接地是否符合设计规范。其具体调试步骤与场站电力系统一致，详见《场站调试篇：电力系统调试》。

7.2.2　控系统调试

阀室自控系统主要用于对阀室内远传数据的采集，主要包括火气仪表数据的采集、BV 阀相关数据的采集等，将采集的数据上传至控制中心，并接收控制中心发送的命令。阀室控制系统与站场控制系统类似，只是系统内的设备相对较少，因此需要调试的内容也更少。其调试过程与场站自控系统调试一致，具体调试步骤详见场站调试篇自控系统调试章节。

7.2.3　通信系统调试

阀室通信系统包含设备较少，调试内容主要为工业以太网调试。其主要调试过程为设备安装、设备上电、参数配置、网络通信检测等。阀室通信系统的具体调试步骤与场站通信系统调试一致，详见场站调试篇火气仪表调试章节。

7.2.4　火气仪表调试

阀室与场站类似，所安装的火气仪表设备主要包括：有毒气体探测器、可燃气体探测器、感烟探测器、感温探测器等，用于检测阀室酸气泄漏、火灾等，并将检测数据传至阀室自控系统显示及参与相应联锁。调试过程主要包括：仪表上电，仪表零位调整、通入硫化氢标气进行调校。阀室火气仪表的具体调试步骤与场站火气仪表调试一致，详见场站调试篇火气仪表调试章节。

7.2.5　BV 阀调试

BV 阀是阀室的关键性设备，阀室的截断作用必须依靠 BV 阀的正常工作来实现，因此，BV 阀的单体调试非常重要。BV 阀的调试主要分为 BV 阀阀门本体调试、BV 阀动作信号调试和 BV 阀阀位状态信号调试。调试过程记录填入表 7-3。

1）BV 阀阀门本体调试

（1）检查阀门 BV 阀是否完整，各项零件是否齐全。

（2）通气源后，对气源管线接口进行紧固，确保 BV 阀气源管线无泄漏。

（3）利用液压传动（手动打压方式）将 BV 阀打开，保持全开状态并观察 24h，检查阀门是否仍处于全开状态，确保 BV 阀液压传动系统无内漏。

2）BV 阀动作信号调试

BV 阀动作信号回路的接线形式一般为四线制（开动作回路、关动作回路），回路供电电压为 24V，有源触点，得电阀门开，失电阀门关。其调试步骤如下：

（1）BV 阀上电，一般在自控系统机柜内完成，通过合上连接 BV 阀的电源线与信号线的保险完成上电。

（2）通过在上位机 BV 阀操作界面给阀门发送开命令，测试 BV 阀是否能打开，若不能正常打开则进行故障排查并整改，可能的原因为线路开路，信号未发出，阀门信号接收模块故障等。

（3）在上位机 BV 阀操作界面给阀门发送关命令，测试 BV 阀是否能关闭，若不能正常关闭则进行故障排查并整改，可能的原因同步骤（2）。

（4）在 BV 阀全开状态下，蒋 BV 阀电磁阀断电（通过机柜间扒开保险的方式断电），测试阀门是否能立即关闭，若不能正常关闭则进行故障排查，可能的故障原因为电磁阀回路开路、电磁阀故障等。

3）BV 阀阀位状态信号调试

BV 阀阀位状态信号回路接线形式为四线制，分为阀门开状态回路与阀门关状态回路（共两对线），为源触点。其调试步骤如下：

（1）确保 BV 阀已上电，动作回路调试完成，阀门能够接收远程开/关指令正常动作。

（2）通过在上位机 BV 阀操作界面给 BV 阀发送开命令，待阀门打开后，在上位机界面上确认 BV 阀的状态是否与现场一致，处于全开状态（阀门显示绿色）。若状态不一致则进行故障排查并整改，可能的原因为关状态信号线回路开路、状态信号回路接反、阀门未开到位等。

（3）通过在上位机 BV 阀操作界面给 BV 阀发送关命令，待阀门关闭后，在上位机界面上确认 BV 阀的状态是否与现场一致，处于关闭状态（阀门显示红色）。若状态不一致则进行故障排查并整改，可能的原因为关状态信号线回路开路、状态信号回路接反、阀门未关到位等。

（4）BV 阀调试过程记录填入表 7-3。

表 7-3 BV 阀调试过程记录表

阀室名称:　　　　　　　　　　　　　　　　　　　　　　　　　　调试时间:

项目	调试内容	调试结果	调试人	备注
阀门本体调试	阀门是否完整，零件是否齐全			
	确保阀门起源不漏气			
	确保阀门能够正常打开，液压缸不内漏			
BV 阀动作信号调试	BV 阀上电			
	开动作测试			
	关动作测试			
	紧急切断动作测试			
BV 阀阀位状态信号调试	阀位开状态调试			
	阀位关状态调试			

8　集输管线调试

8.1　概述

集输管线包括酸气管线、燃料气管线和污水管线。酸气管线调试主要包括空气吹扫、管道空气气密及氮气置换、管道智能检测、管道投运前预涂膜、燃气置换6个步骤。燃料气管线调试主要包括空气吹扫、管道空气气密及氮气置换、燃气置换、燃气气密等5个步骤。污水管线调试主要包括注水排气、管线升压和严密性实验，在进行集输管道调试时，要分段进行。

调试过程记录在表8-1中，问题整改记录填入表8-2。

表8-1　××管线调试过程记录表

<table>
<tr><td>调试项目：</td><td>记录人：</td><td>时间：</td></tr>
<tr><td colspan="3">(1)调试内容：

(2)调试过程描述：

(3)调试中存在的问题及现场处理情况：</td></tr>
</table>

表 8-2　××管线调试问题整改记录表

序号	发现时间	区域	问题描述	整改措施	整改时间	整改人	确认人	备注
1		××-××段管线	××端出站球阀法兰螺丝示紧固到位	继续紧固				
2			××端出站球阀执行机构电动头未接地	加装接地线				
3		××阀室	BV 阀上游压力表连接丝扣渗漏	紧固				
4			BV 阀下游压力表双阀组损坏	跟换双阀组				
5								
6	……							

8.2　编制依据及文件

(1)《石油天然气管道安全规程》(SY6186—2007);

(2)《天然气集输站内工艺管道施工及验收规范》(SY/T 0402—2007);

(3)《含硫天然气硫化氢与人身安全防护规程》(SY/T 6277—2005);

(4)《石油天然气安全规程》(AQ 2012—2007);

(5)《高含硫化氢集气站安全规程》(SY/T 6779—2010);

(6)《高含硫化氢气田集输管道安全规程》(SY/T 6780—2010);

(7)《天然气输送管道运行管理规范》(SY/T 5922—2003);

(8)《天然气管道试运投产规范》(SY/T 6233—2002);

(9)《高含硫化氢气田集输管道工程施工技术规范》(SY/T 4119—2010);

(10)《输气管道工程设计规范》(GB 50251—2003);

(11)《石油和天然气工程设计防火规范》(GB 50183—2004);

(12)《油气集输设计规范》(GB 50350—2005);

(13)《连续增强塑料复合管施工规范》(SY/T 6769. 4—2012);

(14)《钢质管道焊接及验收》(SY/T 4103—2006);

(15)《石油天然气钢制管道无损检测》(SY 4109—2005);

(16)《地表水环境质量标准》(GB 3838—2002)。

8.3　组织机构及职责

集输管线调试组织机构全面负责管线调试工作。该机构包括指挥组、技术组、调试组、HSE 组、物资保障组和综合后勤组 6 个工作组。

8.3.1 指挥组

(1)贯彻落实上级指示精神和工作部署。

(2)全面负责管线调试投运工作的指挥、组织和协调，发布调试投运指令，保障调试投运安全。

(3)统筹安排管线调试投运工作计划、工作目标，考核试运投产中的主要节点和质量。

(4)定期召开领导小组会议，督促各小组工作，协调解决存在问题，审批相关方案。

(5)负责与地方相关部门的沟通协调，确保良好的建设投运外部环境。

(6)组织开展管线调试投运“三查四定”、中交验收及投产条件检查确认等工作。

(7)审批管线调试相关投运方案、操作规程、应急预案、安全条件确认表等。

(8)监督管线试运联调施工 HSE 相关工作开展情况。

(9)负责组织审批管线试运联调 HSE 相关方案。

(10)负责管线试运联调期间现场应急指挥 HSE 职责的监督落实。

8.3.2 技术组

(1)负责编写、制定管线投运工艺参数，安排所有参与试运单位的工作。

(2)负责投运信息的收集和整理上报。

(3)负责组织应急演练工作。

(4)负责联络施工单位、设备供应商、系统集成商对投运发现的问题进行整改。

(5)组织各专业小组按计划实施突发事件的现场处置救援。

(6)负责应急状态下的生产调度，按照相关预案及时通知相关职能部门、直属单位，向上级或地方部门报告或求援。

8.3.3 调试组

(1)负责管线中交条件的检查，跟踪中交遗留问题的限期整改。

(2)负责监督对管线投运发现的问题进行整改的监督和检查。

(3)负责管道吹扫、置换、升压、严密性实验所需的气水源。

(4)负责氮气置换、燃料气通球时管线、阀室各用气设备调试过程中管线上所有设备状态的确认检查、操作，协助投运参数的现场记录和汇总上报。

(5)负责氮气置换、燃料气通球，各设备调试的现场实施，监督投运参数是否满足相关技术要求，做好各施工阶段现场数据的收集整理、汇总上报。

(6)负责管线整个投运过程中工艺设备运行参数、仪表运行情况的现场检查，以及自控、通信部分调试的情况汇总，分析判断投运过程中出现的问题以及解决方案，提交调试负责人。

(7)对管线氮气联调过程中的安全工作负责。

8.3.4 HSE 组

(1)负责投运方案的风险识别和应对措施。

(2)负责施工前的安全条件确认工作。

(3)对于可能出现的紧急情况，向调试操作组提出安全防范措施。

(4)协调地方安全、环保、消防、医疗等部门相关工作。

(5)参与紧急情况下的安全处置工作。

(6)负责相关单位和作业人员资质的审查和备案。

(7)负责相关作业手续的审查、办理及备案。

(8)负责参与应急预案的编制、上报及备案，组织开展现场应急演练检查。

8.3.5 物质保障组

(1)负责管线调试所需备品、备件的准备。

(2)负责管线调试过程所需物质的协调。

(3)负责组织管线调试过程设备故障的原因分析与处理。

(4)负责准备焊接机组及焊接作业，以及氮气准备工作，设备供应商负责各自设备的故障处理和技术支持。

8.3.6 后勤保障组

(1)负责站场调试期间的车辆使用和人员等后勤保障。

(2)负责施工过程中临时用地、用水、青苗赔偿等协调工作。

(3)施工方案审查、现场对接会议会务安排。

8.4 施工前具备的条件

为了更好地集输管线的调试，为酸气管线和燃料气管线投运打好基础，施工前应具备以下条件：

(1)管线建设“三查四定”问题全部销项，中交验收完成且无遗留问题。

(2)所有参与作业人员必须经过清管作业流程操作和岗位职责要求培训。

(3)所有作业人员通过应急疏散和应急抢险培训。

(4)线路监听及巡查人员提前熟悉路由。

(5)所有参与收发球操作及工艺操作人员利用设备检查期间进行模拟演练。

(6)作业方案已会签完毕，作业工作许可已办理完毕。

(7)所有参与人员技术交底和安全交底已完成，前期准备表格填写完成。

(8)清管器通过管段的无电电动阀门设在手动开关位置。

(9)相关物资材料到位，消防器材配置齐全，且摆放到位。

(10)作业隔离带已布置完毕，并且警戒标识完成，各项流程人员落实就位。

(11)相关人员就位，所有作业人员个人劳保用品佩戴齐全，全体进入作业区人员已穿劳保服装，戴安全帽。

(12)风险识别及防范措施管理落实到位。

8.5 物质准备

管道调试分为吹扫、清管、智能检测、气密、预涂膜等步骤。每个步骤使用的工器具都有一定的差异，具体见表8-3～表8-7。同时调试还需要准备管道调试方案(签字版)、调试相关记录表。

表8-3 ××管段清管作业所需工器具、耗材及消防劳保用品

类别	序号	名称	所需数量
工器具	1	双向直板清管器	2个
	2	防爆对讲机	6部
	3	收发球专用推拉杆	2套
	4	扳手	4把
	5	卷尺(大于813mm)	2把
	6	防爆手电	2只
	7	皮水管	50m
	8	空压机	1台
	9	螺丝刀(扁口)	2把
耗材	1	黄油	2桶
	2	松锈剂	2罐
	3	棉布	若干
	4	帆布手套	5双
	5	彩条布	$9m^2$
消防用品	1	安全帽	每人1顶
	2	耳塞	每人1套
	3	工装	每人1套
	4	帆布手套	5双

表8-4 ××管段缓蚀剂预涂膜作业所需工器具、耗材及消防劳保用品

类别	序号	名称	所需数量
工器具	1	皮碗检测器	1个
	2	几何变形检测器	1个
	3	金属漏磁检测器	1个
	4	防爆对讲机	6部
	5	收发球专用推拉杆	2套
	6	扳手	4把

续表

类别	序号	名称	所需数量
工器具	7	卷尺(大于813mm)	2把
	8	防爆手电	2只
	9	皮水管	50m
	10	空压机	1台
	11	螺丝刀(扁口)	2把
耗材	1	黄油	2桶
	2	松锈剂	2罐
	3	棉布	若干
	4	彩条布	$9m^2$
	5	快开盲板密封圈	2套，DN350
消防用品	1	安全帽	每人1顶
	2	耳塞	每人1套
	3	工装	每人1套
	4	帆布手套	5双

表8-5　××管段智能检测主要施工设备及器具

类别	序号	名称	数量
工器具	1	管道数据记录器	2个
	2	泡沫清洁球	3个
	3	钢刷清管器及配件	1套
	4	双向移动清管器	1个
	5	测径清管器	1个
	6	几何变形检测器	1个
	7	高清漏磁检测器	1个
	8	标记盒(BM7)	1个/km
	9	清管器追踪装置	2套
	10	检测设备工具箱	1个
	11	防爆对讲机	5部
	12	防爆手电	2把
	13	防爆手锤	2把
	14	盲板扳手	2把

续表

类别	序号	名称	数量
耗材	1	压缩空气	
	2	膜制氮	
	3	液氮	
	4	润滑油	1
	5	密封圈	若干
	6	棉纱	若干
消防用品	1	安全帽	每人1顶
	2	耳塞	每人1套
	3	工装	每人1套
	4	帆布手套	5双

表8-6 ××管段燃料气管道清管所需工器具、耗材及消防劳保用品

类别	序号	名称	数量
工器具	1	氯丁橡胶实心清管球	2个
	2	防爆对讲机	5部
	3	防爆手电	3把
	4	防爆手锤	2把
	5	盲板扳手	2把
耗材	1	压缩空气	最高压力25MPa，最大排量$36m^3/min$
	2	膜制氮	氮气纯度95%，最高压力12MPa，最大排量$140m^3/min$
	4	液氮	氮气纯度99.99%，最高压力103MPa，最大排量$400m^3/min$
	5	润滑油	1
	6	密封圈	若干
	7	棉纱	若干
消防用品	1	安全帽	每人1顶
	2	耳塞	每人1套
	3	工装	每人1套
	4	帆布手套	5双

表 8-7　污水管段试压作业所需工器具、耗材及消防劳保用品

类别	序号	名称	所需数量
工器具	1	试压泵	1 台
	2	防爆对讲机	6 部
	3	柴油发电机	1 台
	4	活动扳手	4 把
	5	卷尺(大于 813mm)	2 把
	6	防爆手电	2 只
	7	皮水管	50m
	8	螺丝刀(扁口)	2 把
耗材	1	黄油	2 桶
	2	松锈剂	2 罐
	3	棉布	若干
	4	帆布手套	5 双
	5	彩条布	$9m^2$
消防用品	1	安全帽	每人 1 顶
	2	耳塞	每人 1 套
	3	工装	每人 1 套
	4	帆布手套	5 双
	5	安全警示带	1 套

8.6　酸气管线调试工作思路

酸气管线调试共分 6 个阶段，依次是空气吹扫、空气气密、空气联调、氮气置换、智能检测和管道预涂膜。

8.6.1　空气吹扫

空气吹扫主要是采用空气对管道进行吹扫、清管。空气的注入口一般选择在发球筒手动放空管线闸阀法兰处，也可选择燃料气吹扫口的临时注入口处，但是此注入口较放空管线管径小，因此作业时需注意空气压缩机的排量。吹扫放空口选择在下游收球筒就地排污口处，引临时泄压流程至站外进行泄压放空，酸气管线空气吹扫、清管技术参数如表 8-8 所示。

表 8-8　××酸气管线空气吹扫、清管技术参数

作业项目	管径/mm	运行压力(背压)/MPa	排量/(m^3/min)	设备理想运行速度/(m/s)	流速/(m/s)
空气吹扫	Φ114.3 Φ168.3 Φ219.1 Φ273	0.1	13 27 46 71 99	1~3	20
空气清管		1.0/0.8	5 8 18 27	2.8 2.3 1.8 1.4	3

酸气管线吹扫空气用量按照管线容量的 2 倍计算，清管管内压力 0.3MPa，共进行 2 次清管。以××555~××666 酸气管线为例，该段管线管径 168.3mm，壁厚 8mm，长度 8719m，理论容积 159m^3：①扫空气用量为：159m^3 ×2 =318m^3；②清管空气用量：159m^3 ×0.3MPa×10×2 次 =954m^3。

吹扫过程应保持连续平稳，吹扫完成后停止注入空气，吹扫完毕。临时放空口用彩条布铺在地面上，以方便检验吹扫情况以及避免杂物飞溅。当放空口出物无固体杂物出现，吹扫合格。

8.6.2 管道空气气密及联调

假设酸气管线设计压力为 9.6MPa，采用三段式的气密方法，分别为 3.2MPa、6.4MPa、9.6MPa。首先将该段管线进出站联锁压变进行超驰，然后确认各盲断处上游连接阀门均处于开启状态，验漏时需对盲板上游各法兰连接处进行验漏。

按阀门状态确认表(见表 8-9)对酸气管线进站流程进行确认。

表 8-9　××气密时阀门开关状态确认表

序号	位置	阀门编号	阀门位置描述	气密状态			操作人	确认人	备注
				3.2MPa	6.4MPa	9.6MPa			
1	发球筒		发球筒直管段第一个球阀	开	开	开			
2			发球筒直管段第二个球阀	开	开	开			
3			发球筒旁通球阀	拆除盲断	拆除盲断	拆除盲断			
4			发球筒旁通平衡阀	拆除盲断	拆除盲断	拆除盲断			
5			出站主流程球阀	拆除盲断	拆除盲断	拆除盲断			
6		……							

空气的注入口仍然选择在发球筒手动放空闸阀法兰处。空气气密性试验由低到高压力

级别进行，观察管线压力变化并验漏，前两个压力级别分别稳压 30min，管线升压至 9.6MPa 后稳压 24h，管道系统无泄漏、压降不大于 1.5% 为合格。如有泄漏需及时进行处理，处理正常后重新升压验漏。

试压合格后，缓慢对管线中的空气进行泄压，泄压过程中对该段管道进行联动调试，测试管道压力达到高报警时是否报警、收球端进站 ESDV 阀是否自动联锁关闭、到管道压力达到低报警时是否报警、发球端出站 ESDV 阀是否自动联锁关闭。测试完毕，选择从临时放空口处进行就地放空，将管线压力泄压至 0.3MPa 左右作为下步工序的背压。

8.6.3 管道智能检测

为保证管道智能检测的质量和效果，需对管线进行清管通球。清管是采用压缩空气或氮气作为动力源，为节约成本，一般清管、测径、清管验证均采用空气作为动力源。智能检测时，几何变形检测及漏磁检测采用氮气作为动力源。

首先进行清管，清管合格后发送带测径板的清管器，了解管道的畅通情况，若测径板顺利通过，则最后发送一次带磁铁的清管器，对管道内的铁屑等清除以避免智能检测时对数据采集造成影响；然后发送几何变形及高清漏磁检测器，完成管道智能检测。

管段智能检测作业流程见图 8-1。

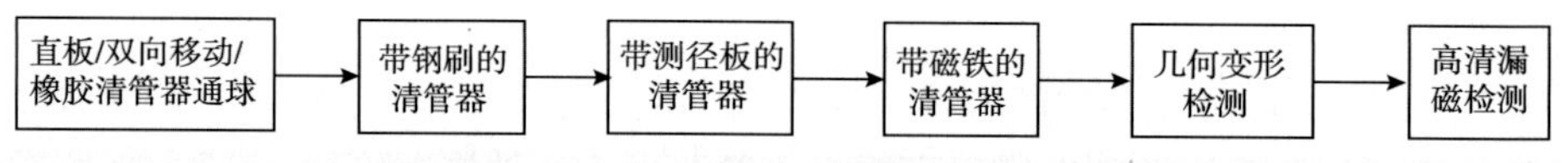

图 8-1　××管段智能检测作业流程图

1）管道清管及管道清洁度验证

管道测径的运行压力、背压以及排量均采用清管时的运行参数，气源采用空气。

第一次清管时，清管器可采用直板清管器、双向移动清管器或者一般的橡胶清管器（见图 8-2），了解管道的清洁程度。若连续两次清管后仍然不满足要求，则发送一次钢刷清管器（见图 8-3），对管道进行深度清洁。清管合格后，发送带测径板的清管器（见图 8-4），了解管道的畅通情况。测径板尺寸不应小于管道直管段最大壁厚内径的 90%，并小于该管段最大壁厚热煨弯头内径的 95%。测径后，检查测径板，若无明显变形、弯曲或大的划痕，则测径合格；若测径板明显变形，则分析管道中存在变形的位置，并应对管道进行整改，然后重新进行测径，直至合格为止。若测径板顺利通过，则最后发送一次带磁铁的清管器（见图 8-5），对管道内的铁屑等杂质进行清除，以避免智能检测时对数据采集造成影响。

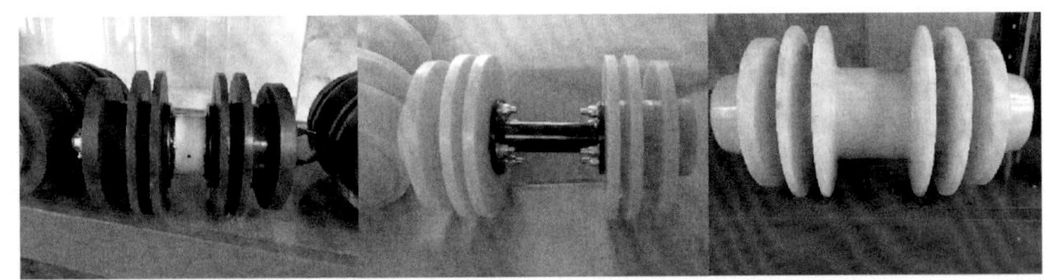

图 8-2　直板清管器、双向移动清管器、橡胶清管器

图 8-3　钢刷清管器

图 8-4　带测径板的清管器

图 8-5　带磁铁的清管器

最后一次清管结束后收球筒不再排出杂物，不影响几何变形检测与高清漏磁检测即为合格。

2）几何变形检测

由于几何变形检测对设备在管道中的运行情况要求更高，因此气源采用氮气，在作业前，需对管道进行氮气置换。氮气注入口仍选择原空气注入口，发球筒手动放空闸阀法兰处，以压力为0.2～0.3MPa、流速不大于5m/s的标准，对该段管道进行置换，在收球筒压力表放空口处检测氧含量，5min一次，若连续3次检测氧含量均小于2%，氮气置换合格。

氮气置换合格后，向管道内继续充入氮气，建立4～5MPa作为智能检测的背压。

几何变形检测采用《油气集输设计规范》气体流量计算公式，起点压力3.5MPa，终点压力以每段管线发球所需推压作为参考，计算出该段管线中的流量需求：

$$Q_v = 5033.1d^{(3/8)}[(P_1^2 - P_2^2)/(\Delta TZL)]^{0.5}$$

式中，Q_v 为气体流量，m^3/d($P_0 = 0.101325MPa$、$T = 293K$)；P_1 为管道计算的起点压力(绝对压力，MPa)；P_2 为管道计算的终点压力(绝对压力，MPa)；d 为管道的直径，cm；Z 为气体在计算管道内的平均压力下的压缩系数；Δ 为气体的平均温度，K；T 为气体的平均温度，K；L 为输气管道计算段的长度，km。

管道清管验证满足检测器运行条件后，将运行高清电子几何变形检测器，检查管线形状。当测量仪器穿过管线时，机械手感触管线内表面情况，并将内径的变化情况记录下来。在进行内检测之前，首先需要使用该工具确定检测工具是否能够安全穿过管线，然后对所检查到的数据进行分析，突出显示超过规定值的变形。通过分析高清电子几何变形检测的数据以确定管道变形的位置(凹陷、凸起等)，如果这些变形会对漏磁腐蚀检测器的安全通过有影响，则需采取相应措施，以保证漏磁腐蚀检测器可安全通过。

发射高清电子几何变形检测器(见图 8-6)前，应将检测器调试好，在运行前进行模拟运行，确认所有传感器正常工作后，进行发球。

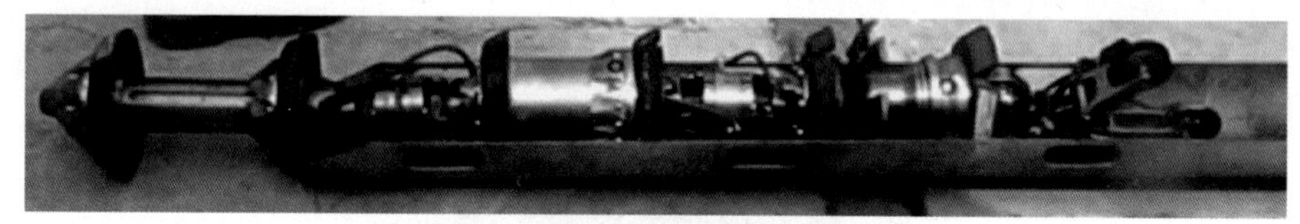

图 8-6　几何变形检测器

检测主要内容包括管线长度、弯头半径、内径变化检测、凹坑、椭圆度、弯头角度等。

3) 高清漏磁腐蚀检测

高清电子几何变形检测结束后，进行高清漏磁腐蚀检测，并在 24h 内提交现场作业报告。

高清漏磁内腐蚀主要内容包括：金属损失(均匀腐蚀、点蚀、轴向沟槽、环向沟槽)、环焊缝与直焊缝、凹陷、施工损坏、管道设备和配件。运行压力为3.5～6MPa，运行速度1～1.5m/s。

高清漏磁腐蚀检测管道运行压力比几何变形检测的高，其具体运行参数如表8-10所示。

表 8-10　××高清漏磁腐蚀检测参数设计表

管径/mm	管道推压/MPa	管道背压/MPa	流量要求/(Nm^3/h)	设备理想运行速度/(m/s)	动力介质
114	5.5	5	1000	0.75	氮气
168	5	4.5	2000	0.75	氮气
219	5	4.5	3000	0.64	氮气
273	4.5	4	7800	0.99	氮气

高清漏磁腐蚀检测速度越接近最佳运行速度，数据质量越好，越有助于提高报告质量和检测精确度。图 8-7 为漏磁检测器。

图 8-7　漏磁检测器

在现场执行的检测成功完成后 2 周内，完成《初步在线检测报告》。其主要包括：数据记录与质量、线路总体状况、50% 及以上金属损失特征的清单、个别判定的特征报告、补充信息（信号分布曲线图、信号定位图、EGP 工具速率图、CDP 工具速率图、CDP 传感器损耗以及工具顶部位置曲线图、CDP 磁化程度）。

最终在线检测报告（FIIR）：根据《管道的智能清管器检测的规范与要求》（管道操作者协会 - POF），撰写出最终报告。

8.6.4　管道投运前预涂膜

在系统投产前，利用清管器携带成膜缓蚀剂对站外集输管线内壁进行预涂膜，目的是能在管道运行前在管壁内形成一层良好的缓蚀剂膜，能够有效地防止油气中存在的高 H_2S 和高 CO_2 所引起的腐蚀，最大程度上保护管道的安全运行。

管道预涂膜时，为了使缓蚀剂能够更好地附着在管壁，一般首先采用柴油对管道内壁进行打底，然后用缓蚀剂进行涂膜作业。作业前必须对清管器进行检查，并填入表 8-11 中，柴油、缓蚀剂预涂膜作业过程中记录填入表 8-12 中。

表 8-11　××管道清管器检查确认表

序号	检测器类型	数量	参数				技术指标		
			外径/mm	过盈量/%	长度/mm	质量/kg	骨架	直皮碗/个	支技皮碗/个
1	预涂膜清管器（前球）	1							
2	预涂膜清管器（后球）	1							
3	预涂膜清管器（前球）	1							
4	预涂膜清管器（后球）	1							
5									

填表人：　　　　　　审核人：　　　　　　年　月　日

表 8-12　××管道柴油/缓蚀剂涂膜作业记录表

作业时间：　　　　　　　　　　　作业单位：

<table>
<tr><td colspan="3">管道名称</td><td colspan="3"></td><td colspan="3">管道规格</td><td colspan="3"></td></tr>
<tr><td colspan="3">预涂膜清管器规格</td><td colspan="3"></td><td colspan="3">覆膜清管器规格</td><td colspan="3"></td></tr>
<tr><td colspan="3">作业前导向清管器检查</td><td colspan="3"></td><td colspan="3">作业前覆膜清管器检查</td><td colspan="3"></td></tr>
<tr><td colspan="3">作业后导向清管器检查</td><td colspan="3"></td><td colspan="3">作业后覆膜清管器检查</td><td colspan="3"></td></tr>
<tr><td colspan="3">理论平均流速</td><td colspan="3"></td><td colspan="3">实际平均流速</td><td colspan="3"></td></tr>
<tr><td colspan="3">理论气量</td><td></td><td>实际气量</td><td colspan="4"></td><td>管道压差</td><td colspan="2"></td></tr>
<tr><td colspan="3">缓蚀剂量与稀释剂量比</td><td></td><td>柴油/缓蚀剂用量</td><td colspan="4"></td><td>稀释剂用量</td><td colspan="2"></td></tr>
<tr><td rowspan="4">通球情况记录</td><td rowspan="2">时间</td><td colspan="8">压力/MPa</td><td rowspan="2">发球端流量/(10^4m^3/d)</td><td rowspan="2">备注</td></tr>
<tr><td>发球端</td><td>监测 1</td><td>监测 2</td><td>监测 3</td><td>监测 4</td><td>监测 5</td><td>监测 6</td><td>收球端</td></tr>
<tr><td></td><td></td><td></td><td></td><td></td><td></td><td></td><td></td><td></td><td></td><td></td></tr>
<tr><td></td><td></td><td></td><td></td><td></td><td></td><td></td><td></td><td></td><td></td><td></td></tr>
<tr><td rowspan="2">操作人</td><td colspan="11">发球端：</td></tr>
<tr><td colspan="11">收球端：</td></tr>
</table>

根据不同产品要求形成缓蚀剂膜的厚度不同需要的缓蚀剂量不同，若形成 0.1mm 厚的缓蚀剂膜，则能有效地阻止酸性气体对管道的腐蚀。

需要缓蚀剂/柴油用量为：

$$[\pi \cdot r^2 - \pi \cdot (r - 0.1)^2] \times L$$

式中，r 为管道内径，m；L 为管道长度，m。

缓蚀剂预涂膜分为 3 个步骤：清管、柴油打底和缓蚀剂预涂膜。清管主要为了检测管道通过情况以及清除管道内的积水、杂质；柴油打底主要是为了清洁管壁，形成底膜，有利于缓蚀剂的成膜效果；预涂膜是通过特殊亲金属性化学键作用，使缓蚀剂和管内金属表面强烈结合，形成一层保护膜，化学键的另一端是疏水端，隔绝腐蚀介质和管道内壁接触。管壁与缓蚀剂接触 5～10s，形成约 0.1mm 厚的保护膜。

1）柴油打底

对管道进行柴油打底可以清洁管壁，提高缓蚀剂预膜的质量，有效地保护管道。

在实施柴油打底之前，对所需条件进行最后确认。按要求切换好阀门，利用燃料气对管道进行柴油打底。

打开集气站发球筒，置入导向清管器和涂膜清管器，在两只清管器中间注入足量的柴油，关闭发球筒。从井口采气树的测试阀门处注入燃料气，根据管径大小选择注入燃料气压力 0.4MPa 或 0.5MPa 推动清管器，对管道进行柴油打底。从下游集气站收球筒收球，收到球后，关闭收球筒。管道柴油打底原理见图 8-8。

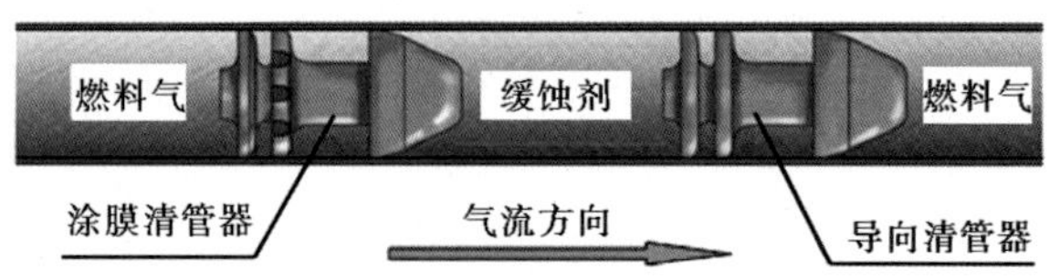

图 8-8 管道柴油打底原理示意图

2) 缓蚀剂预涂膜

利用缓蚀剂预涂膜，在管线上形成黏性极强的薄膜，能够有效地防止流体中硫化氢、二氧化碳以及腐蚀性盐水对管壁造成的腐蚀。

打开集气站发球筒，置入导向清管器和涂膜清管器，在两只清管器中间注入足量的缓蚀剂，关闭发球筒。从外输取样口处注入氮气，按照清管器运行背压 0.7MPa，推球压力 1MPa，对管道预涂膜。管道缓蚀剂预涂膜原理见图 8-9。

图 8-9 管道缓蚀剂预涂膜原理示意图

管道预涂膜结束后，对整个系统泄压，管线达到输送酸气状态。管道缓蚀剂预涂膜步骤见图 8-10。

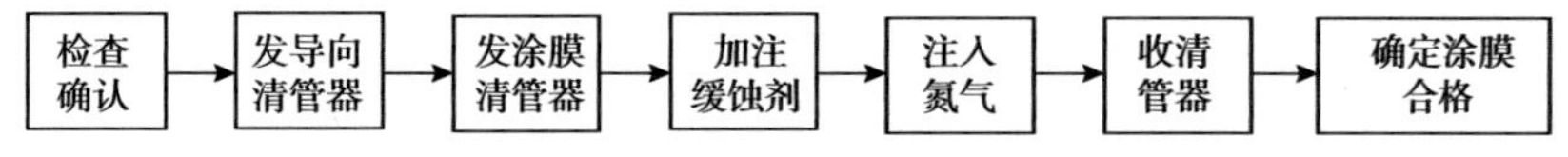

图 8-10 管道缓蚀剂预涂膜步骤框图

8.7 燃料气管线投运工作思路

燃料气投运共分 6 步，依次是空气吹扫、空气升压验漏、氮气置换空气、燃料气置换氮气、燃料气升压验漏和各用气设备的调试。

8.7.1 空气吹扫

(1) 利用空气对燃料气管线进行吹扫，在燃料气预留口注入口注入空气，对管线进行吹扫。

(2) 空气吹扫要求：吹扫过程应保持连续平稳，流速控制在 20m/s。

(3) 吹扫完成以后关闭燃料气清管阀前闸阀。

8.7.2 空气升压验漏

假设燃料气管线设计压力为 4.0MPa，对燃料气管线用空气升压，分别在压力达到

1MPa 和 2.5MPa 时稳压 30min 进行验漏。最后待压力升至 4.0MPa，稳压 24h 进行验漏测试。管道系统无泄漏、无压降即为合格，空气升压验漏结束。

8.7.3 清管操作

1）清管器的选择

一般采用的清管球为氯丁橡胶实心清管球。

2）发送清管器操作步骤

（1）平稳打开旁通阀，关闭清管阀上下游阀门。

（2）顺时针方向转动手动装置手轮，使阀球旋转 90°，手动装置指针对准“关”，此时阀门处于“关”状态。

（3）如果管道有气压，打开快卸口下部的卸压球阀进行卸压；再打开阀体上部的排气球阀，进行完全卸压。

（4）完全卸压后，拔出安全销。

（5）逆时针方向转动快卸盖，使快卸盖指示刻线对准“开”，打开快卸盖。

（6）推入清管球。

（7）推入快卸盖，顺时针方向转动快卸盖，使快卸盖接触定位挡销且快卸盖指示刻线对准“关”，插入安全销。

（8）依次关闭阀体上部的排气球阀和快卸口下部的卸压球阀。

（9）逆时针方向转动手动装置手轮，使阀球旋转 90°，手动装置指针对准“开”，此时阀门处于“开”状态。

（10）依次平稳打开清管阀下游阀门和上游阀门，关闭旁通平衡阀。

（11）通知收球人员和管线沿途的监听人员做好收球、听球准备，并做好记录。

（12）做好收球准备后，将空压机连接预留口阀门平稳打开发送清管器。

（13）确认清管器出站后，恢复发球端流程。

（14）根据球的运行计算及监测情况，在球到站前半小时，准备收球。

（15）球进入临时收球筒后，停止注气，将收球装置内的空气排放干净后，打开收球装置取出清管器。

（16）取出清管球，并做详细记录。

3）清管器运行时间计算

氯丁橡胶清管球正常运行速度应控制在 4～5km/h，压力控制在 0.1～0.5MPa。根据现场实际情况，通过下面公式推算清管器运行速度和气量关系：

$$v=\frac{Q\left(\frac{t_{始}+t_{末}}{2}+273.15\right)}{24996.95PA}$$

式中，Q 为空气气体流量，m^3/s；P 为管道清管运行压力，MPa；v 为清管球运行速度，

m/s；A 为清管管道横截面积，m^2；$t_{始}$为清管首站管道温度，℃；$t_{末}$为清管末站管道温度，℃。

由上式得到理论时间，考虑到管线内部含有大量污物和行程上下浮动，存在较大的高差，清管器的现场运行时间相差 5～10min。

8.7.4 氮气置换空气

(1)从燃料气预留口处连接氮气管线，对燃料气管线进行氮气置换。

(2)氮气置换空气要求注入氮气纯度大于 99%；注氮车加热装置氮气出口温度不应低于 5℃；置换压力控制在 0.2MPa；置换过程应保持连续平稳，氮气排量 3.08m^3/min、流速控制在 5m/s。在取样处连续 3 次(间隔为 5min)取样分析，氧气体积含量小于 2% 时为合格。

8.7.5 燃料气置换氮气

燃料气置换氮气要求：置换过程应保持连续平稳，进气速度不大于 5m/s；以火炬点燃为标志，置换过程结束。

8.7.6 燃料气升压验漏

利用燃料气对燃料气管线进行升压，分别在压力达到 1MPa、2.5MPa 时稳压 30min 进行验漏，最后降压力升至 3.5MPa，稳压 24h 进行验漏测试。管道系统无泄漏、无压降即为合格，燃料气升压验漏结束。

8.8 污水管线调试

污水管线投运共分 4 步，依次是注水排气、管线升压、严密性实验和各用气设备的调试。

8.8.1 试压前条件检查

(1)污水管线注水点至排水点管线全部连通。

(2)全线、下沟回填合格，管线安装完毕、管线所经阀门全开状态。

(3)准备工作、安全措施到位。

(4)措施经审核批准。

(5)参与施工的人员经过安全、技术交底。

(6)试压的各种机械、设备等全部到位，并且处于完好待命状态。试压前应将试压封头进行单独试压，试压合格后方可使用，试压用水需在试压前送水质检验所，水质合格后方可进行上水试压。

(7)试压作业应在安排日间进行施工。

8.8.2 试压参数设计

污水管道严密性试压压力见表 8-13。

表 8-13　污水管道严密性试压压力表

试验段	壁厚/mm 长度/m	始端标桩至终端标桩	起始桩标高/m 强度试验压力/MPa	最低标高位置/m 最大严密试验压力/MPa	最高标高位置/m 最小严密试验压力/MPa	终端桩标高/m 严密试验压/MPa

8.8.3　注水排气

（1）拆除检修口盲板，接入试压上水短接，并将试压短接与试压泵连接。

（2）导通污水管线试压段上下游阀门，通过上游检修阀门向污水管线注水，并从下游端污水管线法兰处排气，每隔 30min 观察记录一次流量，直至注水完毕。

（3）观察到排气端阀门有大量水流涌出时，表示该段污水管线已注满试压水，停止泵注，关闭排气端阀门。

8.8.4　管线升压

（1）假设污水气管线设计压力为 4.0MPa，需分 3 段对污水管线用水进行升压稳压测试。当管线压力分别达到 1MPa、2.5MPa 和 4MPa 时，进行严密性试验。

（2）关闭污水管线上下游进站闸阀，打开试压泵，通过检修口对管线进行注水升压，升压应均匀平稳。升压过程中，不得撞击和敲打管道，稳压期间安排专人巡逻，发现问题及时联系汇报。

（3）试压主入口压力需要根据上下游管线的高程差进行计算；利用压力表观察管线升压情况，每 30min 记录注水升压时间、注水量和压力表读数。

（4）当试验压力达到强度试验压力值时，及时停泵，记录时间、注水量和压力表盘读数，并再次检查阀门和管线是否有异常现象。在确认一切正常后，观察 15min，如压力无明显变化，开始进行严密性试验。

8.8.5　严密性实验

（1）在每个试注压力下，严密性试压稳压 24h，在整个严密性试验过程中，压降不大于 1% 试验压力即为合格。严密性试验时，1h 记录一次压力和实际时间。

（2）检查外部管道和管件有无漏泄情况，如果可能，将漏泄水收集到容器内或者计算它的数量。如果试验管道中发现看得见的漏泄，要停止试验，修补漏泄，重新开始 24h 严密性试验。

（3）对管道要定期进行巡逻，检查管端设施有无漏泄，保障试压段内未经允许人员的安全。管道全线要随时保持通信畅通。

（4）在规定的最低压力下，严密性试验维持 24h，如果没有出现大于 1% 试验压力降，则严密性试验合格，予以验收。

（5）如果压力降超过 1% 试验压力，说明其他原因可以证明，如温度减低或者轻微漏泄。如果不能找出其他原因证明，则必须继续或重复进行严密性试验，直到达到满意的试验结果为止。

(6)达到满意的严密性试验结果后，试压段泄压排水，关闭上下游阀门，拆除现场接头和试注设备。

8.9 风险识别和消减措施

8.9.1 燃料气泄漏

1)异常发现

现场发现操作人员晕倒。

2)原因分析

由于管线密封处出现泄漏，导致该区域氧气不足，造成人员窒息。

3)危害分析

引起人员窒息。

4)消减或预防措施

(1)站控室值班人员启动站场广播，告知站场人员有人窒息晕倒，要求站场所有人员严禁靠近，并通知“120”到现场。

(2)现场人员立即切断泄漏源。

(3)现场人员佩戴好空呼后立即将窒息人员转移至安全场所，且放置于上风口，进行现场救护，等待医疗救护到来。

8.9.2 火灾爆炸

1)异常发现

作业人员在作业过程中发现现场出现火灾或爆炸。

2)原因分析

燃料气泄漏、接触了火源。

3)危害分析

造成人员伤亡、设备损坏。

4)消减或预防措施

(1)站场人员立即启动站场广播，通知现场所有人员撤离。

(2)对受伤人员立即进行伤口处理，情况严重的立即拨打“120”急救。

(3)消防车立即对着火区域进行灭火处置。

(4)现场严禁烟火。

8.9.3 机械伤害

1)异常发现

作业人员在作业过程中发现有人员受到工具等机械碰撞导致受伤。

2）原因分析

（1）作业空间狭小。

（2）作业人员相互碰撞。

（3）作业人员站位错误。

3）危害分析

造成人员伤亡。

4）消减或预防措施

（1）对受伤人员立即进行伤口处理，情况严重的立即拨打“120”急救。

（2）进入现场要严格劳保穿戴。

（3）严禁野蛮作业。

8.9.4 物体打击

1）异常发现

作业人员在作业过程中发现有人员受到设备、工具或其他物品碰撞导致受伤。

2）原因分析

（1）作业空间狭小。

（2）作业人员相互碰撞。

（3）作业人员站位错误。

3）危害分析

造成人员伤亡。

4）消减或预防措施

（1）对受伤人员立即进行伤口处理，情况严重的立即拨打“120”急救。

（2）进入现场要严格劳保穿戴。

（3）严禁野蛮作业。

8.9.5 触电

1）异常发现

作业人员在用电过程中发现有人员触电导致受伤。

2）原因分析

（1）用电人员未戴绝缘手套。

（2）电线破损。

3）危害分析

造成人员伤亡。

4）消减或预防措施

（1）立即切断电源。

(2)对受伤人员立即进行处理，情况严重的立即拨打“120”急救。

(3)进入现场要严格劳保穿戴，戴绝缘手套。

(4)严禁违章作业。

8.9.6 高空坠落

1)异常发现

作业人员在作业过程中发现有人员从高处坠落。

2)原因分析

作业人员未系安全带。

3)危害分析

造成人员伤亡。

4)消减或预防措施

(1)对受伤人员立即进行伤口处理，情况严重的立即拨打“120”急救。

(2)进入现场要严格劳保穿戴，系安全带。

(3)严禁野蛮作业。

8.9.7 冻伤

1)异常发现

作业人员在作业过程中发现有人员被冻伤。

2)原因分析

作业人员在无保护措施的情况下去氮气车附近作业。

3)危害分析

造成人员伤亡。

4)消减或预防措施

(1)对受伤人员立即进行伤口处理，情况严重的立即拨打“120”急救。

(2)进入现场要严格劳保穿戴。

(3)在氮气车附近设置警戒带，无关人员严禁靠近。

8.9.8 自然灾害

1)异常发现

(1)施工作业过程时遇恶劣雨雪天气。

(2)雷雨、沙尘天气影响施工作业。

2)原因分析

在恶劣天气进行野蛮施工。

3)危害分析

作业人员因雨雪天气而导致滑倒、冻伤或其他结果。

4）消减或预防措施

对受伤人员进行处理，情况较严重的立即送往医院进行救护；恶劣天气条件下应停止施工。

8.9.9 环境污染

1）异常发现

施工作业中乱排、乱放，污染环境。

2）原因分析

施工人员随地乱排、乱放。

3）危害分析

污染环境，造成人员伤害。

4）消减或预防措施

切断污染源，为污染进行处理。

8.9.10 自然灾害

1）异常发现

（1）施工作业过程时遇恶劣雨雪天气。

（2）雷雨、沙尘天气影响施工作业。

2）原因分析

在恶劣天气进行野蛮施工。

3）危害分析

作业人员因雨雪天气而导致滑倒、冻伤或其他结果。

4）消减或预防措施

对受伤人员进行处理，情况较严重的立即送往医院进行救护；恶劣天气条件下应停止施工。

8.9.11 环境污染

1）异常发现

施工作业中乱排、乱放，污染环境。

2）原因分析

施工人员随地乱排、乱放。

3）危害分析

污染环境，造成人员伤害。

4）消减或预防措施

切断污染源，为污染进行处理。

第三篇
辅助系统调试

本篇将辅助系统调试划分为通信系统调试、阴极保护系统调试、腐蚀监测系统调试、控制系统调试四种不同的类型。其中，通信系统调试又包括应急通信系统、工业以太网系统、光传输系统、办公网络系统、PA/GA系统和视频监控系统六大子系统调试。每个系统调试都从调试思路、准备工作、调试步骤三个部分进行详述，归纳了一套适用于高含硫气田辅助系统调试行之有效的方法。

9 通信系统联调

9.1 应急通信调试

高含硫气田应急通信主要包括应急疏散广播系统、800M 数字集群系统、5.8G 无线网桥系统及其基站各系统配套部分等。

9.1.1 应急疏散广播系统

1)调试思路

应急疏散广播系统由报警通知软件控制系统、报警通知硬件控制设备以及多功能警报接收机组成。该系统在气田范围的制高点设置调频广播信号发生基站，发射无线调频信号给分户报警通知终端和分址调频控制防空警报终端，分别用来疏散室内居民和室外人员，调试过程分为分址调频控制防空警报系统和分户应急疏散广播系统分别进行调试。

2)应急疏散广播系统调试应具备的条件

(1)分址调频控制防空警报系统。

该系统包括电动防空警报器、远程控制设备和安装附件。电源：单相 220V；额定功率：2.2～2.5kW；频率：500Hz ± 20Hz；启动时间：≤3s；保护等级：IP44。

防空警报器安装在地面以上 10～12m 处，设备控制设备柜、防雨机柜、配电箱等附件安装完毕，电源接通正常，设备固定，接地系统采用工作接地、保护接地、防雷接地联合接地方式，接地电阻要求小于 1Ω。所有电源线、信号线在进房处均应有妥善的防雷接地和保护措施。图 9-1 是防空警报系统安装示意图。

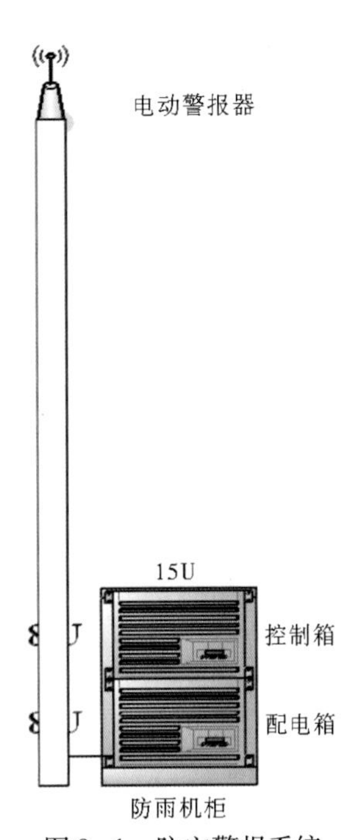

图 9-1 防空警报系统安装示意图

(2)分户应急疏散广播系统。

每台接收终端设备安装于居民家中，确认安装高度超过地面 1.5m，防止小孩触碰，确保市电通电正常、内置电池完好。

3)应急疏散广播系统调试流程

(1)分址调频控制防空警报系统：①控制系统分地址单独启动特定防空警报器，现场确认触发情况，并记录反馈；②现场测试警报器音量，平均声压级(A 级)达到 122dB(在半径 1m

处)；③测试时间为60～120s。

(2)分户应急疏散广播系统：①测试无线调频接收功能。利用便携电脑终端分地址启动分户应急广播终端，记录响应情况；②测试终端音量，不低于15dB，足以吵醒熟睡的居民；③每台终端具有单独地址，可单独报警，单独测试并记录。图9-2是应急疏散广播系统结构图。

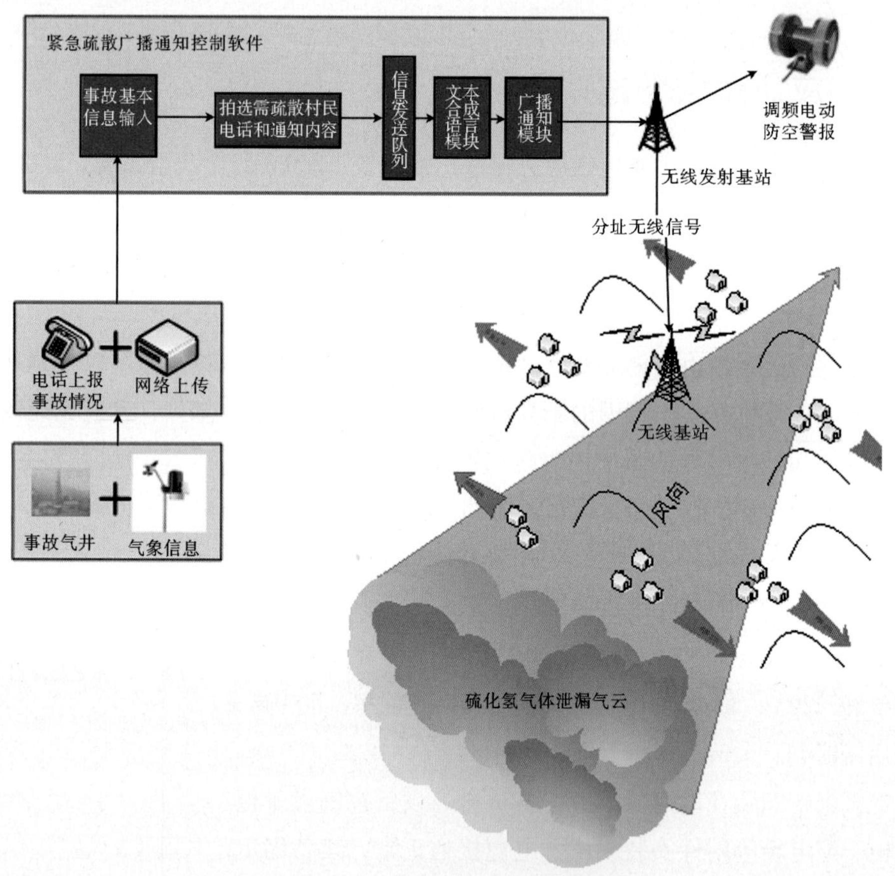

图9-2　应急疏散广播系统结构图

9.1.2　数字集群系统

1)调试思路

数字集群系统采用800MHz TETRA数字集群通信系统，该系统主要担负着整个气田地面集输工程的日常生产、输气管线巡视抢修、无线生产指挥调度等功能，尤其是在发生重特大危险事故中的紧急无线指挥调度以及作为本气田话音通信系统的无线备用通道等功能。基站链路子系统采取微波无线链路及地面光缆链路双链路共用、互为备用的方式。调试分为基站主设备调试、系统调试、测试链路、终端调试等方面。

2)安装调试应具备条件

(1)温度及湿度。①运输和储存时温度：-30～80℃；②相对湿度：10%～90%(+35℃)；

③运行温度范围：－30～60℃（注意：卖方必须提供运行温度的第三方测试报告）。

（2）设备工作电源。输入电压为220VAC。

（3）温度循环试验。所供设备经下述温度循环试验应不影响性能指标：①时间：≥24h；②温度变化速度：0.5℃/min；③循环次数不小于2次［注意：温度循环试验时，相对湿度为90%（＋35℃）］。

（4）防雷。接地系统采用工作接地、保护接地、防雷接地联合接地方式，机房接地网、铁塔接地网应以焊接方式可靠的连通，接地电阻要求小于1Ω。所有电源线、信号线在进机房处均应有妥善的防雷接地和保护措施。

（5）接地。机房应采用联合接地方式，工作地线、保护地线与防雷保护地线构成联合接地系统，其接地电阻值小于1Ω。

（6）设备安装要求：①设备的电源及信号进线应加装防震、强电干扰的保安器，同时有过压过流保护装置；②设备应配置避雷保护装置；③电源具有短路和过压保护性能。

3）调试流程

（1）加电前的确认。①电源线接头牢固，连接良好，标签准确、清晰；②电源开关标识是否正确对应；③电源电压测试符合设备运行额定电压电流值；④检查设备的接地，并做好设备的防静电措施。

（2）配置板件。

①利用双绞网线，连接笔记本与800M数字集群主控板的console口，计算机IP设定：10.0.253.100 \ 10.0.254.100，子网掩码255.255.255.0

②打开800M数字集群专业软件“BTS Service Software”

命令为SC >：mo 密码：motorola。

psu 1 set fan_ config 1 1 1 新基站风扇开启命令，如显示“111”，则为开启；显示“000”，则为未开启。

cn—ra所命名的代码（如2013a）：修改cn-raSC：. attrib-cn brc01. cf. 1；修改命名部分（如2013a）SC：. attrib-v（命名部分）tsc. cf. 1。

③配置基站的载频参数，设置信道参数，将基站的收发频率配置导出基站主控板。

④重启机柜板件将配置写入备板。

⑤将天线与机柜间收发馈线口对接，天线至于室外，查询“status sri” 查看基站GPS同步，当基站主控板的指示灯由橙色变成绿色闪烁再变成常亮，此时GPS已经同步。

⑥通过指令“status bsl”查询基站与中心机房视频的传输通道，查询并观察基站主控板两兆的通信、丢包情况，丢包率小于1%为正常范围，与机房通过喊话的形式进行通话测试。

⑦进行主备板件切换及主备链路切换测试，确认倒换正常，并填于表9－1中。

表 9-1 800M 数字集群系统调试记录

序号	检查内容	检查结果	确认人	备注
1	发射机功率是否正常			
2	系统控制中心设备主备切换是否正常			
3	移动台点对点呼叫、组呼叫、紧急呼叫是否正常			
4	网管监控是否正常			
5	有线链路与无线链路倒换是否正常			
6	发射频点是否有频点飘逸			
7	天馈线驻波比是否在设定值内			

数字集群调试系统见图 9-3。

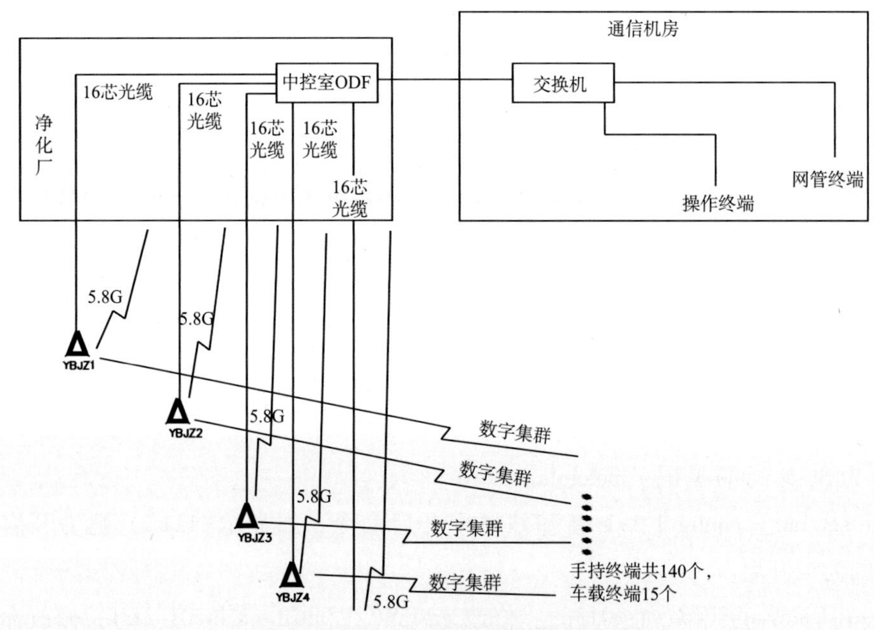

图 9-3 数字集群调试系统图

9.1.3 5.8G 网桥系统

1）调试思路

本系统为5.8G 微波无线传输和监控的全部通信内容，包括基站间5.8G 无线传输、基站视频监控系统、网管系统。

中心控制室与其他基站用光缆相连，基站放置在室外制高点，用光缆连接为主，点对多点的无线连接作为备用，实现对基站的传输。联动调试主要内容为系统的传输配置调试及传输的稳定性测试。

2）调试前应具备的条件

（1）温度及湿度。①运输和储存时温度：－30～80℃；②相对湿度：10%～90%（+

35℃)；③运行温度范围：-30～60℃(注意：卖方必须提供运行温度的第三方测试报告)。

(2)设备工作电源。输入电压为220VAC。

(3)温度循环试验。所供设备经下述温度循环试验应不影响性能指标：①时间：≥24h；②温度变化速度：0.5℃/min；③循环次数不小于2次[注意：温度循环试验时，相对湿度为90%(+35℃)]。

(4)防雷。接地系统采用工作接地、保护接地、防雷接地联合接地方式，机房接地网、铁塔接地网应以焊接方式可靠的连通，接地电阻要求小于1Ω。所有电源线、信号线在进机房处均应有妥善的防雷接地和保护措施。

(5)接地。机房应采用联合接地方式，工作地线、保护地线与防雷保护地线构成联合接地系统，其接地电阻值小于1Ω。

(6)设备安装。①所有设备需进行保护接地，用VV-1kV-1×16mm^{2}电力电缆将设备接地端子与机房接地排连接起来；②系统天馈线安装时进行天线挂高和通信方位角确认，并结合链路预算调整天线俯仰角，待安装调整完毕后，将调整件紧固；③所有电缆应整齐布放在电缆走道上，并做绑扎处理；④在最大外力作用下，固定附件的最大变位(挠曲、扭转)使天线射束轴线偏离通信方向的角度不应大于天线半功率角的1/2。

3)调试流程

(1)加电前的确认。①电源线接头牢固，连接良好，标签准确、清晰；②电源开关标识是否正确对应；③电源电压测试符合设备运行额定电压电流值；④检查设备的接地，并做好设备的防静电措施。

(2)配置板件。①利用双绞网线，连接笔记本与5.8G室内IDU设备，计算机IP设定：192.168.1.100\192.168.1.1，子网掩码255.255.255.0；②ie浏览器输入192.169.1.1；③输入用户名admin密码为admin配置基站的5.8G频率；④与铁塔上的施工人员进行语音，跳接铁塔上的天线角度，通过软件找出最强的分贝值，固定铁塔上的天线；⑤通过广播发射机或者800M数字集群系统进行测试，机房ping800M数字集群系统的IP，查看丢包率，丢包率小于1.5%为正常范围；⑥按照设计规划要求的天线安装方位及角度范围上下调整两端设备天线的角度，利用软件查看SNR值，调整到最大稳定SNR值并固定牢固天线角度，并填于表9-2中；⑦进行传输链路的FTP下载测试带宽，并填于表9-3中。

表9-2 5.8G无线链路调试记录

<table>
<tr><th>序号</th><th>基站名称</th><th>基站链路对应</th><th>基站海拔高度</th><th>设备安装高度</th><th>链路距离</th><th>基站链路</th><th>方位角统计</th><th>俯仰角</th></tr>
<tr><td>1</td><td>中心</td><td rowspan="2">中心→基站××</td><td></td><td></td><td rowspan="2"></td><td>管理中心→基站××</td><td></td><td rowspan="2"></td></tr>
<tr><td>2</td><td>××号基站</td><td></td><td></td><td>基站××→管理中心</td><td></td></tr>
</table>

续表

序号	基站名称	基站链路对应	基站海拔高度	设备安装高度	链路距离	基站链路	方位角统计	俯仰角
3								
4								
5								
6								
7								
8								
9								
10								
11								
12								

表 9-3　5.8G 无线网桥系统检查记录

序号	检查内容	检查结果	确认人	备注
1	无线链路 ping 包检测延时、抖动、丢包率符合设计要求			
2	无线链路重传率符合设计要求			
3	E1 链路延时、抖动、丢包率符合设计及业务要求			
4	FTP 上下行带宽测试符合设计要求			

调试中应满足系统相应技术规范(见表 9-4)。

表 9-4　5.8G 系统技术规范

系统容量	非视距环境下的操作，支持点对点模式和点对多点模式	
射频频段	5.725 ~ 5.850GHz(UNII 频段)	
信道带宽	7MHz、10MHz、20MHz、40MHz 软件可调	
RF 动态范围	>50dB	
最大发射功率	-20 ~ 20dBm	
接收灵敏度	-82dBm(6Mbps)，BER = 1×10^{-9}	
电缆	支持最远 150m 中频电缆、远端站最远支持 90m 电缆长度	
网络特性	透明桥技术 DHCH 透传 VLAN 透传	802.3x 以太网流量控制 802.1p 网络业务优先权
调制方式	双向动态自适应调制选择：. BPSK . QPSK . 16QAM . 64QAM	
空中加密	专用 128 - bit 加密	
编码率	1/2、3/4 和 2/3	
MAC 层	点对点、串联、自动重发请求 ARQ 的错误校正功能	
传输距离	非视距环境下可达 10km 视距环境下@20dBm，可达 50km	

续表

系统容量	非视距环境下的操作，支持点对点模式和点对多点模式
网络支持协议	透明于 802.3 协议下的服务和应用
双工技术	动态时分双工 TDD
无线传输	OFDM(正交频分多路复用)
网络接口	10/100 以太网(RJ45)
系统速率	空中速率最高 144Mbps，以太网净速率最高 90Mbps
电源要求	110～240VAC50/60Hz
工作温度	-30～60℃
系统配置	HTTP(Web)，telnet，SNMP 配置
网络管理	SNMP 协议，支持标准以及私有的 MIB，支持北向接口，支持冗余备份，支持故障管理、性能管理、配置管理、安全管理和计费管理等基本功能

9.1.4 基站及各系统配套部分

1)调试前条件确认

(1)安装前现场勘测及环境检查。通信基站设备安装前应对基站机房及周边环境进行现场勘测和检查，确认基站土建工程、机房配套设施、防雷与接地等项目符合要求后方可进行设备安装。其具体检查项目如下：

①基站机房及铁塔已按照设计图纸规范要求完成建设并验收合格，完成中间交接。

②机房建议安装机房专用空调，机房应安装消防设施。照明设施良好。要求机房温度：18～28℃，最好为20～25℃；要求机房湿度：30%～75%，最好为50%～60%。机房已安装好配线架、走线槽等配套设施。机房装修完毕。

③机房、铁塔应有避雷针、避雷带等防雷装置，其防雷接地(避雷针等装置的接地)应与机房的保护接地共用一组接地体。

④机房、铁塔采用联合接地(产品的工作地、保护地和防雷地合用同一个接地体)，机房内各种通信设备、通信电源应尽量合用同一个保护接地排，接地电阻应小于5Ω。

(2)调试前现场条件确认。基站各系统安装完毕后，进行调试前对各系统设备安装、线缆布放、天馈线安装布放等情况进行检查确认。其具体情况如下：

①机房应提供稳定的交流电源，电压满足规范要求并能满足设备功率需求。工程中各设备如果需 UPS 电源供电，则 UPS 电源须于工程前安装完毕，且输出电压、功率满足要求。电源线接头牢固，连接良好，开关标识正确、清晰。

②线缆布放应符合设计规范要求，绑扎应规范、线缆走向及标识正确、清晰，线缆测试均符合要求。

③设备型号、规格符合设计要求，设备安装位置、安装方式符合设计规范要求，固定牢固，接地牢固无松动，标识正确、清晰。

④天馈线规格型号符合设计要求，天馈线安装角度、方位及俯仰角符合设计要求，固定牢固，接地牢固无松动，馈线接头连接无松动并做防水处理，避雷器安装牢固接地线无松动，标识正确、清晰，天馈线驻波比检测无异常。

2）调试流程

（1）对基站各系统进行调试前条件确认，确认各项目符合要求后，开始调试。

（2）对基站 UPS 装置进行开机调试。①检查蓄电池组连接是否正确，端电压是否正常，UPS 主机接线是否正确无松动；②闭合蓄电池组直流断路器，闭合 UPS 主机市电断路器，检查开机前指示灯状态是否正常；③正常后，开启 UPS 主机检测 UPS 主机输出电压是否正常，并填于表 9-5 中。

表 9-5　UPS 装置调试记录

一、设备信息			
设备型号		设备条码	
运行方式	单机　并机　双母线	并机台数	
电池数量		负载类型	
监控形式	无　RS232　RS485　干接点　SNMP 卡　Modbus　其他		
二、动力环境信息			
输入接线方式	主旁同源　主旁不同源	输出接线方式	三进单出　单进单出 三进三出
输入线线径（三进）	A 相　B 相　C 相　N 线　PE 线		
输入线线径（单进）	L 相　N 线　PE 线		
输出线线径（三出）	A 相　B 相　C 相　N 线　PE 线		
输出线线径（单出）	L 相　N 线　PE 线		
输入空开	品牌　极　V　A	输出空开	品牌　极　V　A
电池容量及线径	品牌　组电池，每组　节　V　AH，BAT＋线　BAT－线		
电池空开	品牌　极　V　A	安装位置	室内　室外　户外机房
油机	无　有，容量　kW	机房通风	空调　排风扇　无
机房环境	整洁，通风　一般，有少量灰尘　较差，不通风，灰尘杂物多		
三、调试信息			
UPS 输入电压	三相输入：A－N 相　V　Hz，B－N 相　V　Hz，C－N 相　V　Hz		
	单相输入：L－N 相　V　Hz		
	输入 N－G 电压：		
UPS 输出电压	三相输出：A－N 相　V　Hz，B－N 相　V　Hz，C－N 相　V　Hz		
	单相输出：L－N 相　V　Hz		
	输出 N－G 电压：		

续表

三、调试信息			
UPS 设置参数			
软件版本			
四、功能测试			
市电逆变	正常　　异常	电池逆变	正常　　异常
告警功能	正常　　异常	紧急停机	正常　　异常
旁路功能	正常　　异常	并机功能	正常　　异常

调试工程师：　　　　　　　　　　　　　　验收人：

日　期：　　　　　　　　　　　　　　　　日　期：

(3)对基站光传输系统进行调试。①检测基站进站光缆的熔接质量、盘号、纤芯顺序，并做好记录，填于表 9-6 和表 9-7 中；②按照设计要求，跳接光缆，查看两端设备指示灯状态，确认光纤链路传输正常。

(4)对基站视频监控系统进行调试。①对前端摄像头进行送电，查看摄像头自检情况是否正常；②对摄像头按照 IP 地址规划表配置相应 IP 地址、掩码及网关，并配置监控的画面、时间、显示字幕、码流等相关参数；③本地预览监控画面正常后，接入调试完毕的传输系统中，从后台访问无异常，视频监控系统调试完毕。

(5)对基站应急疏散广播系统进行调试。①对应急疏散广播设备进行加电，查看设备指示灯状态；②对广播激励器及发射机等设备进行参数配置，包括：预先规划的 IP 地址、预先申请规划的频点、设备 ID 编号、发射功率等；③查看设备入网情况，正常后，利用后台操作软件进行基站激励器及发射机的打开及关闭操作，检测开启后是否有声音、功率是否正常等；④测试主备链路倒换情况，重复③操作，并填于表 9-8 中；⑤测试应急广播终端运行情况，并填于表 9-9 中。

9.1.5　应急通信各系统调试验收标准及记录

应急通信各系统安装上述调试流程完成调试后，各系统参数指标应满足设计规范要求，各项功能按照设计要求均实现，系统正常平稳运行至少 48h，各项调试记录齐全完整，具体格式见表 9-5。

表 9-6 ______至______光缆线序对照表

(光缆起端)			一框 A 单元(盘号)												一框 B 单元(盘号)											
			1	2	3	4	5	6	7	8	9	10	11	12	1	2	3	4	5	6	7	8	9	10	11	12
(光缆名称及型号)			1	2	3	4	5	6	7	8	9	10	11	12	13	14	15	16	17	18	19	20	21	22	23	24
(光缆终端)			7	8	9	10	11	12	1	2	3	4	5	6	7	8	9	10	11	12	1	2	3	4	5	6
			二框 A 单元(盘号)												二框 B 单元(盘号)											
第一框	光缆名称（去向）	光纤跳线编号	1		2		3		4		5		6		7		8		9		10		11		12	
		对端设备																								
		业务名称																								
		光纤跳线编号	1		2		3		4		5		6		7		8		9		10		11		12	
		对端设备																								
		业务名称																								
	光缆名称（去向）	光纤跳线编号	1		2		3		4		5		6		7		8		9		10		11		12	
		对端设备																								
		业务名称																								
		光纤跳线编号	1		2		3		4		5		6		7		8		9		10		11		12	
		对端设备																								
		业务名称																								
第二框	光缆名称（去向）	光纤跳线编号	1		2		3		4		5		6		7		8		9		10		11		12	
		对端设备																								
		业务名称																								
		光纤跳线编号	1		2		3		4		5		6		7		8		9		10		11		12	
		对端设备																								
		业务名称																								

表 9-7 ______至______中继段光纤线路衰减测试记录

中继段长： 测试温度： ℃ 波长： nm

光纤序号	测试方向	损耗值			光纤序号	测试方向	损耗值		
		累计/dB	单向平均/(dB/km)	双向平均/(dB/km)			累计/dB	单向平均/(dB/km)	双向平均/(dB/km)
	A－B					A－B			
	B－A					B－A			
	A－B					A－B			
	B－A					B－A			
	A－B					A－B			
	B－A					B－A			
	A－B					A－B			
	B－A					B－A			
	A－B					A－B			
	B－A					B－A			
	A－B					A－B			
	B－A					B－A			
	A－B					A－B			
	B－A					B－A			
	A－B					A－B			
	B－A					B－A			
	A－B					A－B			
	B－A					B－A			
	A－B					A－B			
	B－A					B－A			
	A－B					A－B			
	B－A					B－A			
	A－B					A－B			
	B－A					B－A			
	A－B					A－B			
	B－A					B－A			

测试人： 验收人：

日 期： 日 期：

表 9-8 紧急疏散广播系统调试记录

序号	检查内容	检查结果	确认人	备注
1	远程控制发射机功率是否正常			
2	网管平台操作界面功能显示是否齐全			
3	广播终端语音播放是否清晰、响亮			
4	广播终端、防空警报器开关控制是否灵敏			
5	广播主备链路倒换是否正常			
6	发射频点是否有频点飘逸			

表 9-9 应急疏散广播终端巡检记录

村：　　　　　　　检查时间：　　年　　月　　日　　　　　　　　检查人：

<table>
<tr><th rowspan="3">序号</th><th rowspan="3">组</th><th rowspan="3">姓名</th><th rowspan="3">终端 ID</th><th colspan="4">检查结果</th><th rowspan="3">处理结果</th><th rowspan="3">备注</th></tr>
<tr><th rowspan="2">正常</th><th colspan="3">不正常</th></tr>
<tr><th>不响</th><th>未插电</th><th>其他</th></tr>
<tr><td>1</td><td></td><td></td><td></td><td></td><td></td><td></td><td></td><td></td><td></td></tr>
<tr><td>2</td><td></td><td></td><td></td><td></td><td></td><td></td><td></td><td></td><td></td></tr>
<tr><td>3</td><td></td><td></td><td></td><td></td><td></td><td></td><td></td><td></td><td></td></tr>
<tr><td>4</td><td></td><td></td><td></td><td></td><td></td><td></td><td></td><td></td><td></td></tr>
<tr><td>……</td><td></td><td></td><td></td><td></td><td></td><td></td><td></td><td></td><td></td></tr>
</table>

注：①巡检的项目正常在相应栏内划“√”，存在问题的在相应栏内填写“√”，其他类问题情况描述填写到备注栏。

②保存部门：　　　　　　　　　　　　　　　　　　　　保存期：1 年

9.2 工业以太网系统

高含硫气田工业以太网网络主要由 A 环、B 环、公用网络 3 个部分组成，联动调试主要是对网络的通段以及断网条件下的自动切换情况进行测试。工业以太网从链路冗余、通信设备冗余、通信模式、网管平台等方面充分考虑网络安全，搭建“A/B 环网 + 备用公网”网路拓扑结构，确保 SCADA 系统通信和网络的无故障化。

9.2.1 调试思路

首先进行设备运行情况检查，通过外观观察交换机指示灯的工作状态，然后再分别进行网络通断测试和检查网络切换测试。

9.2.2 工业以太网安装调试应具备的条件

1）调试环境确认

（1）机房必须采用精密恒温、恒湿空调系统，保证通风、恒温、恒湿。机房湿度：22℃ ±5℃；相对湿度：55% ±10%；静态条件下，空气中直径大于 0.5μm 的尘粒数少于 18000 粒/L。

（2）灰尘的浓度≤300 粒/L。

2）设备安装、加电等情况确认

（1）电源线接头牢固，连接良好，标签准确、清晰。

（2）电源开关标识是否正确对应。

（3）测试电源电压是否符合设备运行额定电压电流值。

(4)检查光功率是否符合设备正常运行的额定光衰内。

(5)检查设备的接地，并做好设备的防静电措施。

(6)加电前确认后，设备试运行一段时间，看是否有无异常告警。若发现问题，则及时找到原因并处理。

3)调试工具

笔记本1台、万用表1台、专业工具1套、测试线1条、ODTR1台、光功率1台、尾纤1条、熔接机1台。

9.2.3　工业以太网配置模式

高含硫气田一般选择工业级交换机搭建三层网络结构，采用酸气管线同沟埋地光缆及电力线同杆ADSS光缆组成，为SCADA系统数据传输提供专用网络(见图9-4)，等效链路如图9-5所示。实现工业以太网交换机1:1冗余和光纤三环网链路，配置时钟同步、容错服务器和网管平台，实时监测网路运行，分析诊断网络故障，远程维护等功能，在光纤衰减小于16dB、光波1550nm下，实现内网毫秒内无痕网络切换、公网小于15s切换，为SCADA系统提供通信网络安全保障。

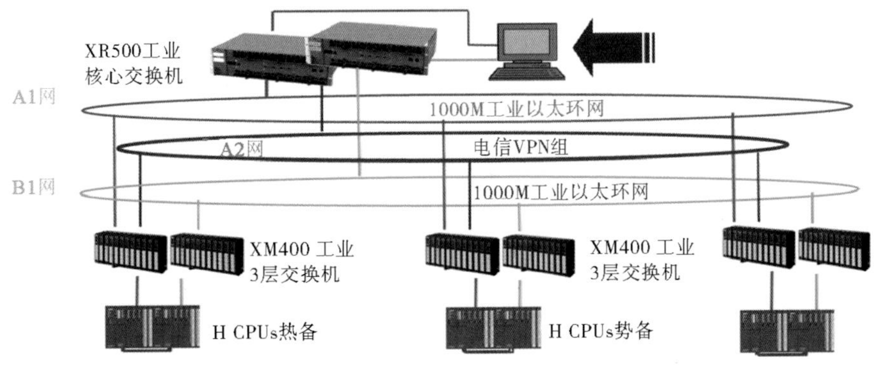

图9-4　双网冗余拓扑结构

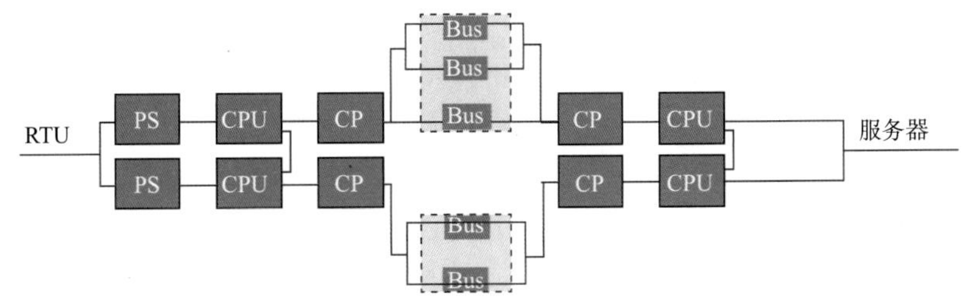

图9-5　双网冗余拓扑结构等效链路

目前国内主要的以太网系统使用西门子SIMATICNET技术，组成开放性的工业以太网，符合IEEE 802.3U规定，可从网络中任何点进行设备互动和故障检查，具有冗余网络拓扑结构。千兆光纤交换机模块OSM和电气交换机模块ESM，成本低、效率高。网络原件通过EMC测试，具有很强的抗干扰能力，并能够适用于严酷的工业环境中。选择西门子XR528作为核心交换机，XR324作为二层交换机，XM414/416作为三层交换机，通过以太网卡，连接站控系统设备和公网，遵循TCP/IP通信协议。系统接入网管平台，能提供功能强大的、网络质量优良的管理和诊断，为用户提供理想化的网路解决方案。

A网络和B网络之间的链接，通过核心交换机之间的交叉电气链路连接，时钟同步保持双网的时钟一致和切换快捷。各节点站控系统PCS、SIS系统服务器、控制器、串口服务器、RTU以及PC工作站等设备通过RJ45电气接口分别与A网/B网三层交换机XM414/416连接。租用公网经工业防火墙与A网三层交换机XM414/416连接。图9-6为站控系统与中心控制室之间设备连接系统图。

在此网络中，A环网、B环网分成8个小环，每个环网可以独立稳定运行，不受其他环网干扰。每个相邻节点之间收尾相接，与核心交换机构成环网节点。节点左右两侧采用埋地和架空光纤交叉建网。当某节点一侧光缆断开，系统自动切换到另一侧光纤路由保持通信畅通。图9-7为B网网络拓扑结构。

A1网网络拓扑与B网相同。A2公网经工业防火墙接入A1网，作为备用链路。图9-8为A网网络拓扑结构。

9.2.4 工业以太网调试流程

1)设备运行情况检查

通过外观观察交换机指示灯的工作状态，端口会有规律的频闪，正常运行情况下，A、B网交换机指示灯均为绿色常亮。检查交换机的供电指示灯(供电指示灯为两个分别标记为“L1”“L2”分别表示两路供电情况)绿灯长亮为正常(见图9-9)；检查交换机的指示灯，告警灯“F”灭为正常，P8闪烁或者绿灯长亮为正常，P9和P10闪烁或者绿灯长亮为正常。X414交换机F告警灯灭为正常。X414交换机网络接口闪烁或者绿灯长亮为正常。

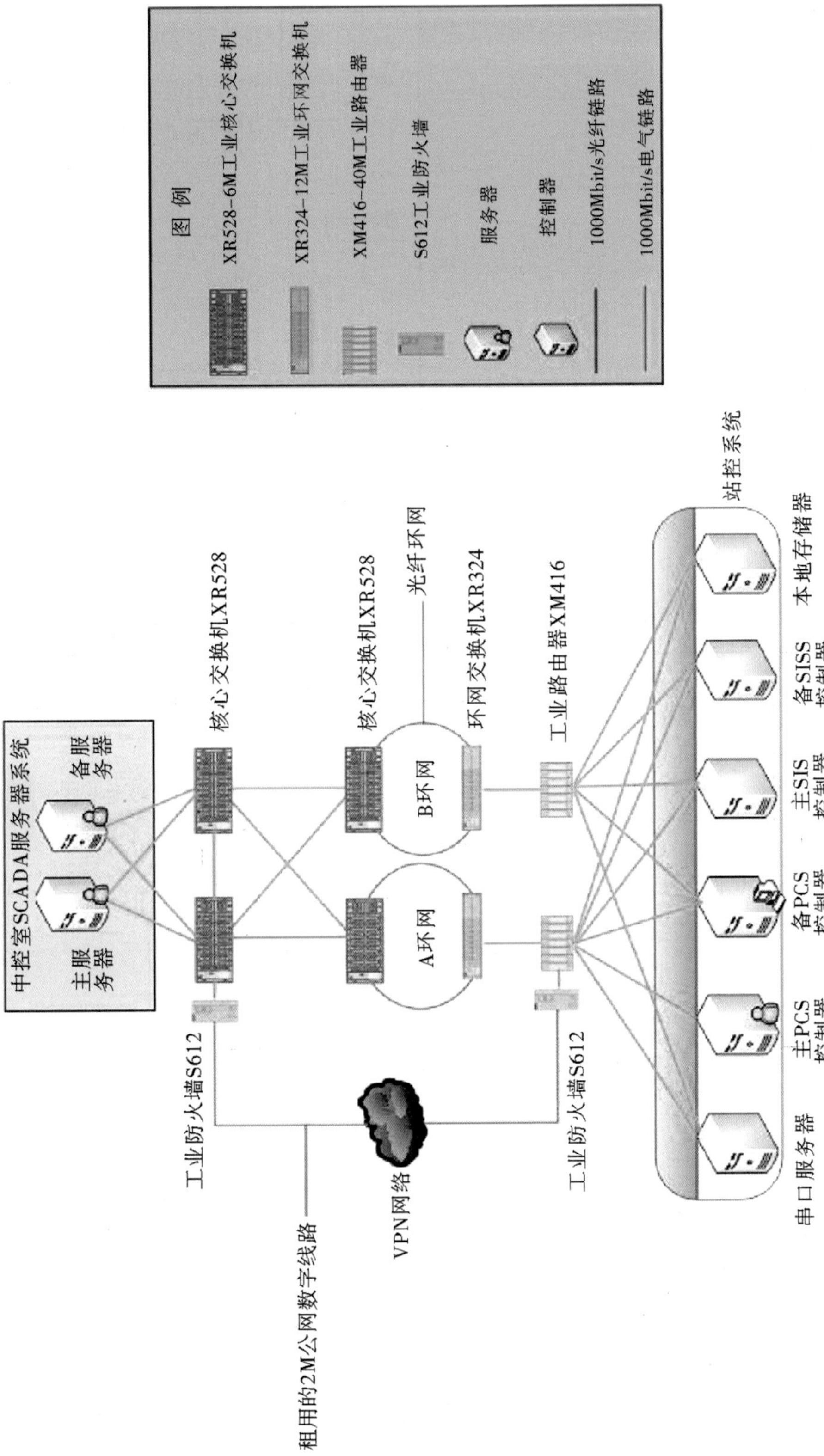

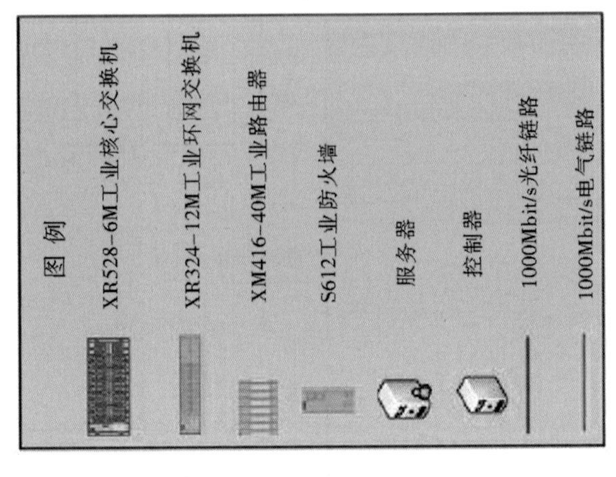

图9-6 站控系统与中心控制室之间设备连接系统图

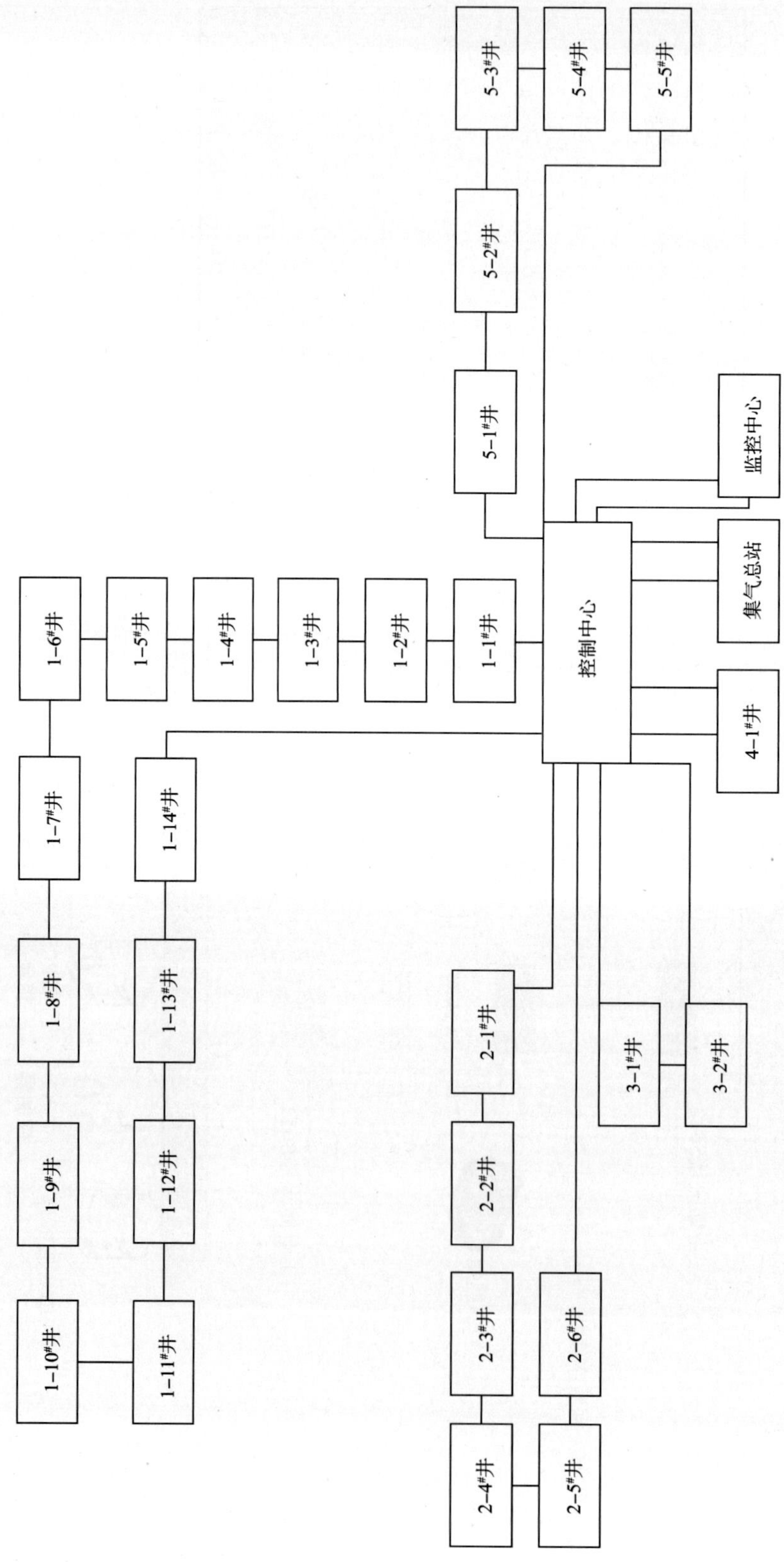

图9-7 B网网络拓扑结构

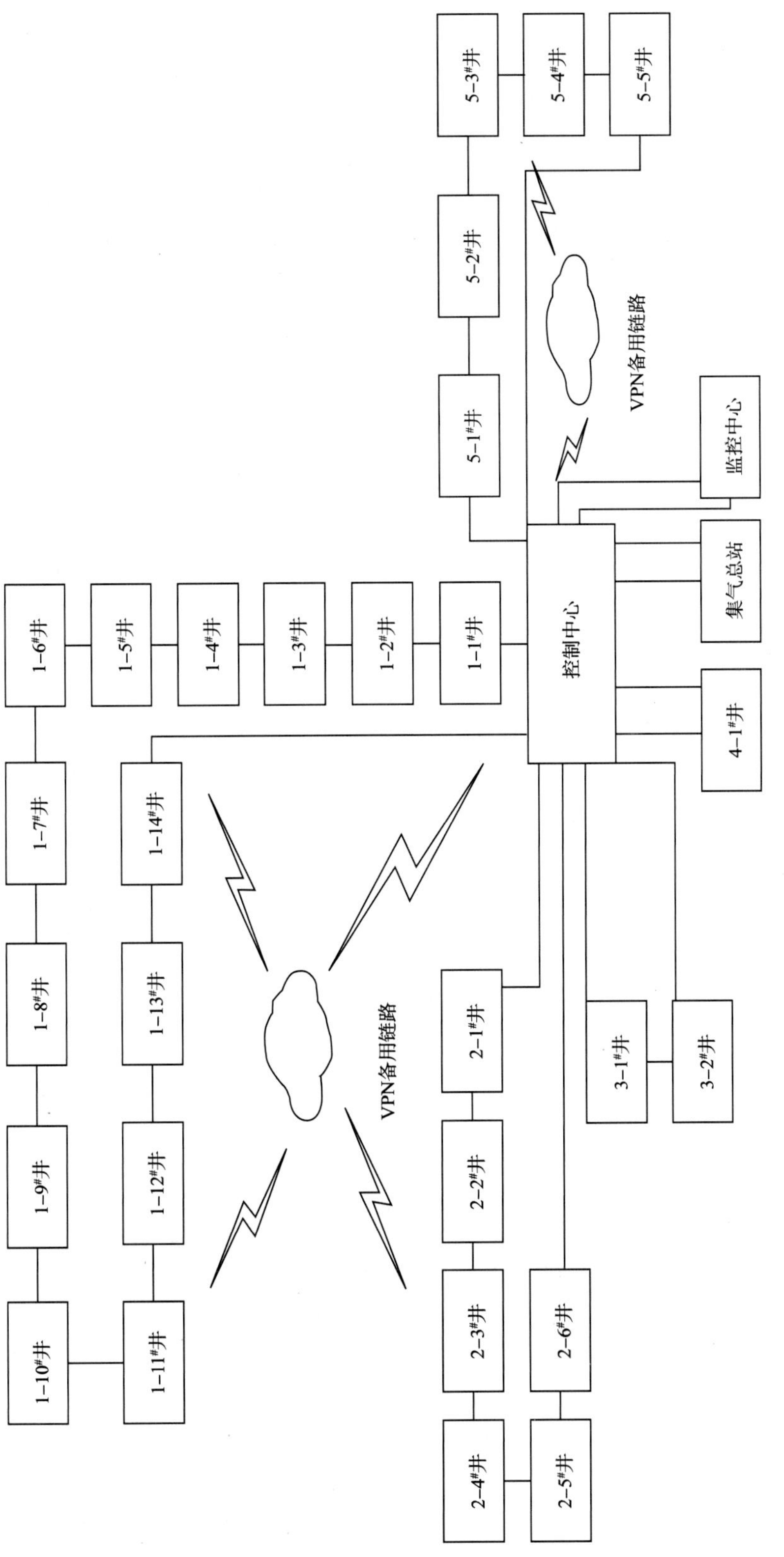

图9-8 A网网络拓扑结构

图 9-9　西门子 L1、L2 为交换机电源指示灯

2) 网络通断测试和访问路径检查

厂家在 FAT 调试(工厂测试)过程中已经对工业以太网 300、400 交换机系列设置完成，在使用过程中不用再进行设置。进行系统功能测试(ping 中心控室服务器)。

(1)在“开始”菜单内选择“运行”，输入“cmd”并运行(见图 9-10)。

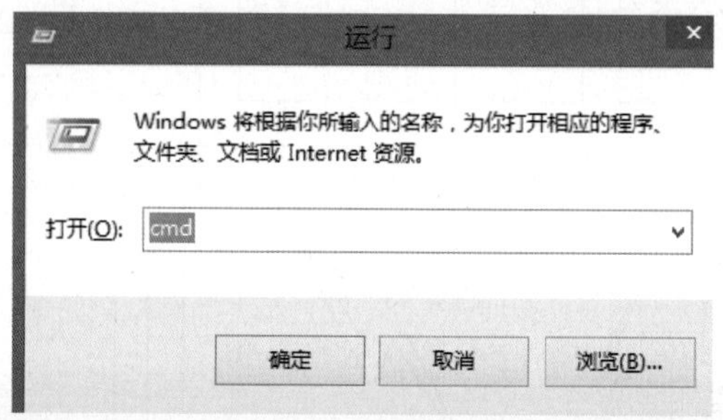

图 9-10　运行界面

(2)输入 ping IP 地址，例如，测试与中控室是否连通，可以 ping 中控室交换机的三层接口地址。以 G1 区工业以太网调试为例，输入的内容为“ping 172. 16. 110. 1 -t”，输入完成后单击回车(见图 9-11)。

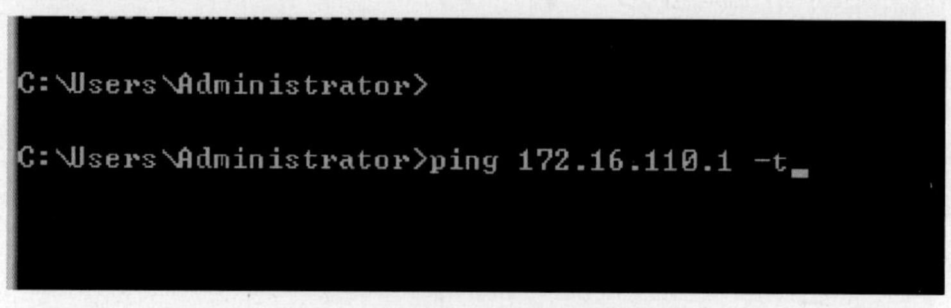

图 9-11　网络数据传输测试界面

(3)根据反馈值可判断当前网络连接情况。拷贝某站网管服务器文件，进行传输速率测试，传输速率大于 2M；要满足《基于以太网的局域网系统验收测评规范》(GB/T 21671—2008)中的要求。

(4)通过 tracert 命令可以查看访问路径，从而判断工业以太网是通过 A 环、B 环还是移动 VPN 在访问。具体操作方法：在 CMD 窗口输入的内容为“tracert 172. 16. 110. 1”，输入完成后单击回车(见图 9-12)。

图 9-12 访问路径查看

3)网络切换测试

(1)断开 A 环，测试网络是否可以正常切换到 B 环。操作方法：拔掉 A 环 300 交换机上连接本站的上下个站对应的跳纤(上下站各拔出一根即可)，约 20s 后使用 ping 命令和 tracert 命令检查本站是否可以中控室核心交换机通信，并明确否是通过 B 网在进行通信。

(2)同时断开 A 环和 B 环，测试网络是否可以正常切换到移动 VPN 环。其操作方法：拔掉 A 环和 B 环各自 300 交换机上连接本站的上下两个站对应的跳纤，约 20s 后使用 ping 命令和 tracert 命令检查本站是否可以中控室核心交换机通信，并明是否是通过移动 VPN 网络在进行通信。

工业以太网调试确认表见表 9-10。

表 9-10 工业以太网系统调试记录

站点名称： 调试时间：

项目	检查内容	应达到标准	调试结果	备注
机柜安装	机柜排列整齐，在同一水平面			
	机柜安装固定、不摇晃			
	机柜接地牢固可靠，接地电阻小于 1Ω			
线缆布放	线缆转弯均匀圆滑，弯曲半径应大于 60mm，尤其是跳纤，弯曲幅度越小越好			
	机柜间线缆有无标识，线缆无错接、漏接			
线缆布放	线缆标识是否正确清晰			
	信号线与电源线是否分开			
加电测试	输出检查，应在 24V(±5%)范围内			
	上电时观察电源和端口告警指示灯指示正常			
	各级设备运行后，可见状态指示灯指示正常			

续表

项目	检查内容	应达到标准	调试结果	备注
系统性能测试	电源冗余检查，断开第一路电源设备供电正常，断开第二路电源设备供电正常			
	检查工业以太网交换机的告警灯是否正常指示告警状态，满足交换机无告警的要求。			
	网络延时不大于3ms，丢包率不大于0.3%			
	A环、B环间倒换测试，应能正常倒换，业务不受影响			
	B环、VPN间倒换测试，应能正常倒换，业务不受影响			

9.3 光传输系统调试

使用MSTP的以太网板卡通过路由器接入办公数据、IP语音信号及视频信号，在控制中心以太网板接口接出，通过核心网络设备至相应通信系统；调度话音信号、PG/GA信号通过PCM的2M通道接入MSTP设备。数据使用主、备两个独立的路由器接入，在调控中心使用GE(或FE)板接出。

9.3.1 光传输安装调试应具备的条件

1)调试环境确认

(1)机房必须采用精密恒温、恒湿空调系统，保证通风、恒温、恒湿。机房湿度：22℃ ±5℃；相对湿度：55% ±10%；静态条件下，空气中直径大于0.5μm的尘粒数少于18000粒/L。

(2)灰尘的浓度≤300粒/L。

2)设备安装、加电等情况确认

(1)按设计要求并结合现场实际情况，把光传输系统的各个板卡、增强型子架等设备安装到指定位置。

(2)电源线接头牢固，连接良好，标签准确、清晰。

(3)电源开关标识是否正确对应。

(4)电源电压测试符合设备运行额定电压电流值。使用万用表，测试光传输第一路输出电压，记录第一路电压；正极测试光传输第二路输出电压，记录第二路电压；电压正常范围在 -48V ±9.6V之间。

(5)测试主备用电源使用情况。首先用万用表测试两路供电电源电压，保证正常。然后关闭第一路供电电源空开，测试第二路电源；再打开第一路供电电源空开，关闭第二路电源空开，测试第一路电源；测试完成后，打开第二路电源空开。

3）调试工具

笔记本 1 台、万用表 1 台、专业工具 1 套。

9.3.2 光传输调试流程

1）设备运行情况检查

（1）设备告警灯、运行灯检查，设备告警灯、运行灯应如实反映设备当前状态。

（2）光传输线路检查，线路状态应主、备用通道均为正常。

（3）设备供电电压测试，设备供电电压应在 48V ±9.6V 之间。

（4）设备光板收光功率应在 -28 ~ -9dBm。

（5）设备光板发光功率应在 -5 ~ 3dBm。

（6）设备主备用供电倒换应正常。

2）系统功能测试

系统功能测试主要包括：单板的主备倒换、测试电源的主备倒换、测试收发光功率、测试办公网络和视频网络、测试调度电话和 IP 电话业务的正常传输。若发现异常，及时处理，操作如下：

通过网管查看设备告警，性能事件，设备状态等是否正常，是否有异常告警及异常性能事件，如有，及时处理。

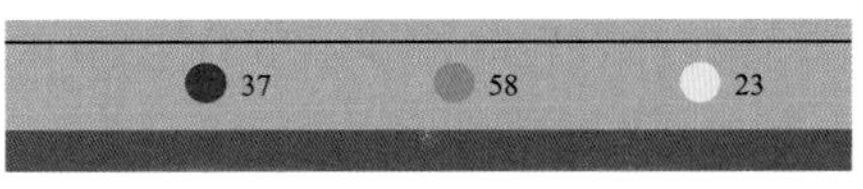

图 9-13　告警状态指示

查看设备告警，可以点击屏幕右上的告警指示查看，红色为紧急告警，橙色为主要告警，黄色为次要告警（见图 9-13）。

或者在某网元设备点击右键，展开下拉功能框，如图 9-14 所示。

打开
网元管理器
业务配置
登录
组网图
查询相关线缆
查询相关路径
查看相邻网元
同步当前告警
当前告警浏览
网管侧历史告警
网元侧历史告警
清楚告警指示
确认告警
SDH性能浏览
删除
属性

图 9-14　下拉功能框

先选择“同步当前告警”，再选择“当前告警浏览”，如有告警则提示见图 9-15。

主要	T_ALOS	净化厂中控室-2-PQ1-58(...	2010-11-07 15:44:27	-	通信	admin	2011-06-09 16:06:03	传送平面
主要	T_ALOS	净化厂中控室-2-PQ1-57(...	2010-11-07 15:44:27	-	通信	admin	2011-06-09 16:06:03	传送平面
主要	T_ALOS	净化厂中控室-2-PQ1-44(...	2010-10-15 14:32:54	-	通信	admin	2011-06-09 16:06:03	传送平面
主要	T_ALOS	净化厂中控室-2-PQ1-47(...	2010-09-09 16:29:14	-	通信	admin	2011-06-09 16:06:03	传送平面
主要	T_ALOS	净化厂中控室-2-PQ1-46(...	2010-09-09 16:29:14	-	通信	admin	2011-06-09 16:06:03	传送平面
主要	T_ALOS	净化厂中控室-2-PQ1-45(...	2010-09-09 16:29:13	-	通信	admin	2011-06-09 16:06:03	传送平面
主要	T_ALOS	净化厂中控室-2-PQ1-43(...	2010-09-09 16:17:54	-	通信	admin	2011-06-09 16:06:03	传送平面
主要	T_ALOS	净化厂中控室-2-PQ1-48(...	2010-03-31 11:51:37	-	通信	admin	2011-06-09 16:06:03	传送平面
主要	TU_LOP_VC12	净化厂中控室-13-N2EGS...	2011-03-31 15:47:29	-	通信	admin	2011-06-09 16:06:03	传送平面
主要	TU_LOP_VC12	净化厂中控室-13-N2EGS...	2011-03-31 15:47:29	-	通信	admin	2011-06-09 16:06:03	传送平面
主要	TU_LOP_VC12	净化厂中控室-13-N2EGS...	2011-03-31 15:47:29	-	通信	admin	2011-06-09 16:06:03	传送平面
主要	TU_LOP_VC12	净化厂中控室-13-N2EGS...	2011-03-31 15:47:29	-	通信	admin	2011-06-09 16:06:03	传送平面
次要	DOWN_E1_AIS	净化厂中控室-2-PQ1-36(...	2011-07-20 17:55:14	-	通信	admin	2011-07-23 16:49:48	传送平面
次要	DOWN_E1_AIS	净化厂中控室-2-PQ1-16(...	2011-07-20 17:55:14	-	通信	admin	2011-07-23 16:49:48	传送平面
次要	DOWN_E1_AIS	净化厂中控室-2-PQ1-60(...	2011-03-26 17:36:13	-	通信	admin	2011-06-09 16:06:03	传送平面
次要	DOWN_E1_AIS	净化厂中控室-2-PQ1-59(...	2011-03-26 17:36:13	-	通信	admin	2011-06-09 16:06:03	传送平面

图 9-15　告警记录

图 10-7 为“中心控室”设备的告警：告警中 T_ ALOS、TU_ LOP_ VC12、DOWN_ E1_ AIS 均为配置的备用业务当前未使用，产生的告警，属于正常现象。查询无异常告警后，查看设备的性能事件，在网元设备点击右键，然后选择“SDH 性能浏览”，就可以清楚地浏览到相应的设备性能介绍。

调试光传输系统调试记录表见表 9-11。

表 9-11　光传输系统调试记录

站点名称：　　　　　　　　　　　　　　　　　　　　　　　　调试时间：

项目	检查内容	应达到标准	调试结果	备注
机柜安装	机柜排列整齐，在同一水平面			
	机柜方向正确			
	机柜间缝隙不大于 3mm			
	机柜接地牢固可靠，接地电阻小于 1Ω			
	ODF 架、DDF 架端子板排列正确			
线缆布放	线缆转弯均匀圆滑，弯曲半径应大于 60mm			
	光纤尾纤有套管保护			
	线缆标识是否正确清晰			
	信号线与电源线是否分开			
加电测试	设备输入电压范围值正常，应在 48V(±20%)范围内			
	各种电路板数量、规格及安装位置正确，设备标识齐全正确			
	设备的各种选择开关应置于指定位置			
	各种外围终端设备应自测正常。设备内风扇装置应运转良好			
	各级设备可见状态指示灯指示正常			
	测试两路电源倒换，电源倒换应正常			

续表

项目	检查内容	应达到标准	调试结果	备注
系统性能测试	使用网管软件能正常登录网元，本站网元 ID 设置正确			
	单板业务配置正确			
	线缆光纤测试正常，衰耗正常。单模光纤在 1310nm 波长传输时约在 0.34dB，1550nm 波长时为 0.19dB			
	交叉板倒换功能测试正常，业务通畅			
	TPS 保护倒换测试，倒换前后业务正常，倒换时间小于 50ms			

9.4 办公网系统调试

办公网络系统的硬件和软件采用客户机/服务器体系结构。硬件以小型机为服务器，以 PC 机作为客户机，通过主干千兆的网络交换机构成以生产基地对各站(处)的 100M 以太网共享局域网络，提供生产信息共享、公文管理、事务处理、内部管理、公共信息、电子邮件、档案管理、公共服务等服务。

9.4.1 办公网络调试应具备的条件

1)调试环境确认

(1)机房必须采用精密恒温、恒湿空调系统，保证通风、恒温、恒湿。机房湿度：22℃ ±5℃；相对湿度：55% ±10%；静态条件下，空气中直径大于 0.5μm 的尘粒数少于 18000 粒/L。

(2)灰尘的浓度≤300 粒/L。

2)设备安装、加电等情况确认

(1)按设计要求并结合现场实际情况，把光传输系统的各个板卡、增强型子架等设备安装到的指定位置。

(2)电源线接头牢固，连接良好，标签准确、清晰。

(3)电源开关标识是否正确对应。

(4)电源电压测试符合设备运行额定电压电流值。

3)调试工具

笔记本 1 台、万用表 1 台、专业工具 1 套、网线若干。

9.4.2 办公网络调试流程

1)设备运行情况检查

(1)设备告警灯、运行灯检查，设备告警灯、运行灯应如实反映设备当前状态。

(2)线路检查，包括网线、信号线、电源线的布放、连接等情况的检查。

（3）设备供电电压测试，设备供电电压应在额定电压±5%之间。

2）系统功能测试

（1）查看交换机配置参数。其具体操作步骤：登录交换机设备查看设备配置，保证其正常；使用串口线查看数据配置，办公网络数据已配置完成，无需修改；登录中控室交换机下载数据配置，保存备份。telnet ×××.×××.×××.×××，使用"save"命令进行保存。

（2）用电脑检查联网状态，是否可以打开网页、ping 测试，及时处理网络故障问题。ping 命令测试方法：首先将工控机电脑的 IP 地址配置为办公网络网段，如"10.18.172.197"，子网掩码"255.255.255.0"，网关配置为"10.18.172.1"，DNS 配置为主用"10.18.2.41"，备用"181.221.253.100"；然后打开 cmd，输入命令"ping www.163.com -t"进行测试，查看网络返回值及是否丢包。

（3）其他相关测试（包括上网、收发邮件、登录 QQ 等）正常即可，若不能正常使用，则应及时找到问题原因并处理。

办公网络系统调试记录见表 9-12。

表 9-12　办公网络系统调试记录

站点名称：　　　　　　　　　　　　　　　　　　调试时间：

项目	检查内容	调试结果	备注
机柜安装	机柜排列整齐，在同一水平面		
	机柜安装固定、不摇晃		
	机柜接地牢固可靠，接地电阻小于1Ω		
线缆布放	线缆转弯均匀圆滑，弯曲半径应大于60mm		
	机柜间线缆有无标识，线缆无错接、漏接		
	线缆、地线规格符合设计要求		
加电测试	设备输入电压范围值正常，应在220V（±10%）范围内		
	上电前硬件安装检测，短路测试。硬件检查应正常，测量无短路现象		
	上电时观察电源和端口告警指示灯指示正常		
	各种外围终端设备应自测正常。设备内风扇装置应运转良好		
	各级设备运行后，可见状态指示灯指示正常		
系统性能测试	VLAN 用户可以正常上网（包括打开外网和内网网页、下载文件、收发邮件等）		
	不同 VLAN ID 用户不能互通		
	用数据线将便携式电脑与设备相连并通过设备软件登录，能实现设备本地管理		
	VLAN 划分正确		
	交换机数据交换延时正常		

9.5 PA/GA 系统调试

站场广播现报警联动主要分为两级联动：在控制中心通过局域网与 SCADA 数据服务器连接，接受报警信号，按照设定范围、方式向指定站场广播报警；在站场本地系统机柜接受站场 RTU 所提供的 4 类触点信号（ESD－1：全站关断，泄压；ESD－2：全站关断，不泄压；站场火灾；站场泄漏），并按照不同情况进行广播报警。

9.5.1 PA/GA 调试应具备的条件

1）调试环境确认

（1）机房必须采用精密恒温、恒湿空调系统保证通风、恒温、恒湿。机房湿度：22℃ ±5℃；相对湿度：55% ±10%；静态条件下，空气中直径大于 0.5μm 的尘粒数少于 18000 粒/L。

（2）灰尘的浓度≤300 粒/L。

（3）对室外话站进行测试时，应尽量选择非雷雨天气。

2）设备安装、加电等情况确认

（1）把 PA/GA 主机安装到 PA/GA 机柜内，固定牢固，正确接线。

（2）将各用户板卡正确插入 PA/GA 系统子架，固定牢固。

（3）将室内话站、室外话站、室外防爆扬声器按设备要求安装到指定位置，并接入浪涌保护器。

（4）电源线接头牢固，连接良好，标签准确、清晰。

（5）测试电源电压是否符合设备运行额定电压电流值。

3）调试工具

笔记本 1 台、万用表 1 台、专业工具 1 套。

9.5.2 PA/GA 调试主要流程

系统功能测试为：

（1）中控室和室内话站互通、中控室和室外话站互通。

（2）室内话站与室外话站互通。

（3）扬声器能否正确响应、话机能否正常响铃、通话是否清晰。

（4）中控室给出本站的触发信号，观察是否正常播放告警音。

（5）本站给出全站关断，泄压；ESD－2：全站关断，不泄压；站场火灾；站场气体泄漏共 4 种信号，观察是否能正常播放告警音，且告警音与给出的告警信号相匹配。

其测试方法如下：①室内话站拨打室外话站或扬声器：室内摘机拨号（或按免提后拨号，也可使用话站副机设置的快捷键，在摘机后可一键拨号），若测试室外话站，在拨打室外话站号码后，室外话站可摘机通话，或在接通提示音 3 声后，话机自动接通室外扬声器，此时可通过话站对室外进行喊话，声音通过扬声器传送至站场各部位。②室外话站拨打室内话站：室外话站拨打室内话站无需拨号，只需要摘下室外话站听筒，此时室内话站会直接开始振铃。③其他室内话站互拨的测试方法类似普通话机的拨打测试方法。

PA/GA 对讲系统调试记录见表9-13。

表9-13 PA/GA 对讲系统调试记录

站点名称： 调试时间：

项目	检查内容	应达到标准	调试结果	备注
机柜安装	机柜排列整齐，在同一水平面			
	机柜安装固定、不摇晃			
	机柜接地牢固可靠，接地电阻小于1Ω			
	配线架端子板排列正确、标识正确			
线缆布放	线缆转弯均匀圆滑，弯曲半径应大于60mm			
	机柜间线缆有无标识，线缆无错接、漏接			
	线缆标识是否正确清晰			
	线缆、地线规格符合设计要求			
加电测试	上电前硬件安装检测，短路测试。硬件检查应正常，测量无短路现象			
	上电时观察电源和端口告警指示灯指示正常			
	各种外围终端设备应自测正常。设备内风扇装置应运转良好			
	各级设备运行后，可见状态指示灯指示正常			
系统性能测试	具有接收自控触点信号并按照不同情况进行分别广播的能力			
	室内话站应能与中控室、室外话站、其他井站的室内与室外话站正常通话			
	本站与其他站的室内话站、中控室均可正常通过本站室外扬声器喊话			
	话站具有根据背景噪声的大小自动调整扬声器音量。应支持的电源供电方式：110～240VAC 或 48VDC			

9.6 视频监控系统

站场工业电视监视系统主要用于对工艺站场内工艺设备、控制仪表、火炬头和室内等重要部位的监视，以及预防意外闯入和及时发现险情给予报警及火灾确认等。

9.6.1 监控系统调试应具备的条件

1）调试环境确认

（1）机房必须采用精密恒温、恒湿空调系统，保证通风、恒温、恒湿。机房湿度：22℃ ±5℃；相对湿度：55% ±10%；静态条件下，空气中直径大于0.5μm的尘粒数少于18000粒/L。

（2）灰尘的浓度≤300粒/L。

2）设备安装、加电等情况确认

（1）把CCTV视频监控主机安装到机柜内，固定牢固，正确接线。

（2）将室外防爆摄像机按设计要求安装到监控杆指定位置，固定牢固，并接入浪涌保护器。

（3）若监控摄像机采用模拟头，则需确保2M头焊接正确、连接紧固。若监控摄像机采用网络头，则需确认光纤收发器收发光正常、网线连接正常。

（4）电源线接头牢固，连接良好，标签准确、清晰。

（5）测试电源电压是否符合设备运行额定电压电流值。

（6）检查设备的接地，并做好设备的防静电措施。

（7）加电前确认后，设备试运行一段时间，看是否有无异常告警。若发现问题则及时找到原因并处理。

3）调试工具

笔记本1台、万用表1台、专业工具1套。

9.6.2 PA/GA调试主要流程

测试内容主要包括：视频监控画面有无信号、是否清晰、监控头的控制、信号的远传、录像回放等，其具体操作如下：

（1）预览操作。

运行软件，点击右操作栏（见图9-16）：

点击“设备列表”选项。点击后出现主机名称（门店名称）—点击右键—选择登录设备。登录设备时，由于需要连接网络会有十几秒的延迟，是正常现象。登录后的设备列表展开按钮界面见图9-17。

点击主画面的通道一窗口（见图9-18）：

双击设备列表里面的“通道一”，此时监控软件应该出现通道一的监控画面。所有通道以此类推。把所有通道打开之后预览完成。

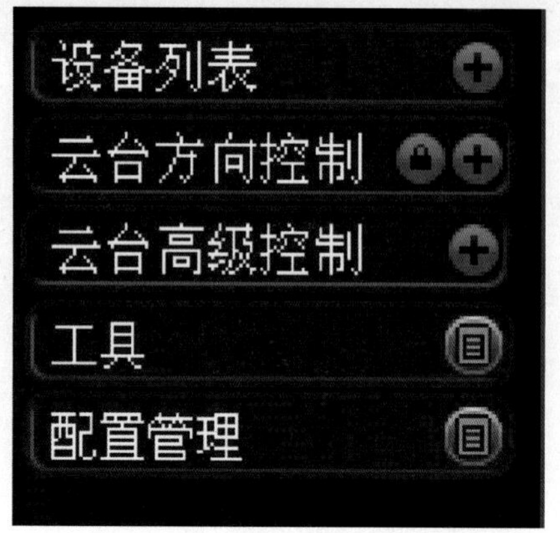

图 9-16　右操作栏

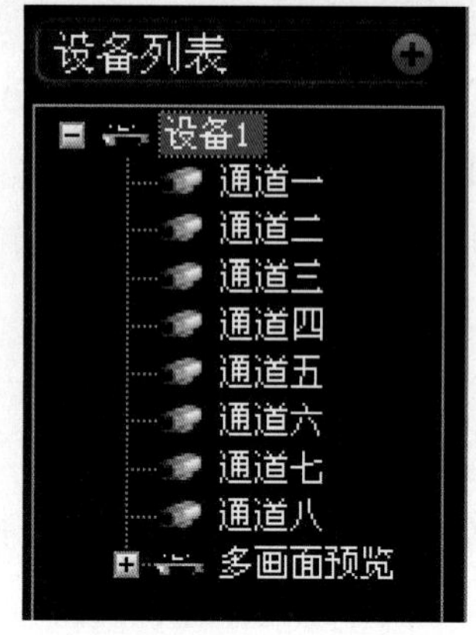

图 9-17　设备列表展开按钮界面

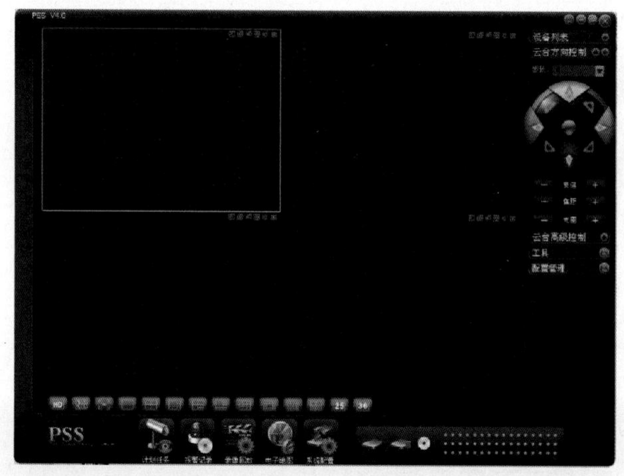

图 9-18　主画面的通道一窗口

预览部分需要注意的是：每次开关电脑，则首先需要重新登录软件，然后重新重复以上操作才能完成预览。预览可以选择多画面，双击单个画面最大化图像，再次双击则返回。

(2)摄像头的控制。

在预览界面，单击选定一个图像窗口。根据软件提示对摄像头做相应操作，如：控制摄像头上下左右移动、调整移动的步长、焦距调整、雨刷功能等。

(3)录像回放。

点击“录像回放”按钮，弹出录像回放对话框(见图 9-19)。

点击“设备”—选择门店—点击通道数—选择需要回放的通道。输入开始时间与输入结束时间。文件类型选择：文件；卡号：主机默认，不用填。点击“查询”，在查询结果选项应出现已经存储的录像文件，双击需要回放的时间段，双击播放。

(4)告警联动测试。

测试视频监控与周界报警信号联动功能。当周界报警信号触发后，摄像头会自动转至

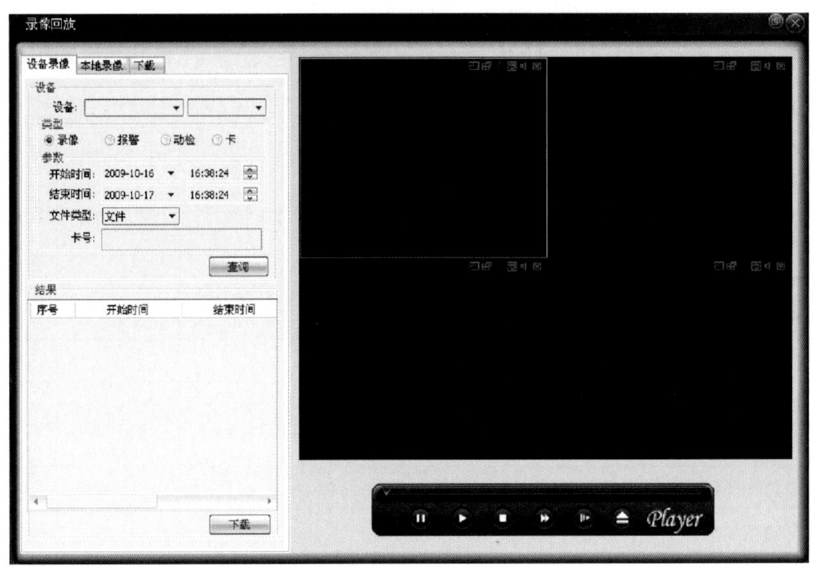

图 9-19　预览界面

告警防区，并触发站场广播对讲系统喊话功能。测试时，可主动触发周界告警，观察监控系统是否正常联动。

(5)远程控制。

在管理中心、中控室通过监控工作站上的客户端进入监控系统，根据上述的预览、摄像机控制等相关操作步骤，观察是否可以远程控制。同时，通过录像回放功能观察是否可以调取中控室录像存储服务器内的录像。监控系统调试确认表见表 9-14。

表 9-14　工业电视监控系统调试记录

站点名称：　　　　　　　　　　　　　　　　　　　　　　　　　　调试时间：

项目	检查内容	应达到标准	调试结果	备注
机柜安装	机柜排列整齐，在同一水平面			
	机柜安装固定、不摇晃			
	机柜接地牢固可靠，接地电阻小于 1Ω			
	配线架端子板排列正确、标识正确			
线缆布放	线缆转弯均匀圆滑，弯曲半径应大于 60mm			
	机柜间线缆有无标识，线缆无错接、漏接			
	线缆、地线规格符合设计要求			
	信号线与电源线是否分开			
	视频服务器接线端子连接正确			
	网络交换机线缆连接正确			
	磁盘阵列机接线端子连接正确			

续表

项目	检查内容	应达到标准	调试结果	备注
加电测试	设备输入电压范围值正常，应在220V(±10%)范围内			
	上电前硬件安装检测，短路测试；硬件检查应正常，测量无短路现象			
	上电时观察电源和端口告警指示灯是否指示正常			
	各种外围终端设备应自测正常；设备内风扇装置应运转良好			
	各级设备运行后，可见状态指示灯指示正常			
系统性能测试	监控软件参数是否设置正确			
	视频服务器参数是否设置正确			
	磁盘阵列机参数是否设置正确			
	室内球形机转动是否正常，图像是否正常、清晰			
	室外一体机转动是否正常，图像是否正常、清晰			
	室内球形机、室外一体机参数是否设置正确，地址码设置正确			

10 阴极保护系统调试

一般采用强制电流阴极保护系统对集输管线进行保护，管线进出站处设置绝缘接头和防爆型火花间隙保护器。在中控室设置1套阴极保护服务器，各阴极保护站设备输出信号及管道沿线保护电位，优先接入站场或线路阀室内的以太网机柜，再上传至服务器，管道沿线测试桩处无法提供局域网(有限网络)进行上传的，采用无线网络或人工存储上传至服务器，以进行数据处理、分析及故障报警。

每套系统包括1台工作台/柜、2台恒电位仪(3OA/50V)，1用1备，均与控制台/柜连接，通过控制台/柜供电和切换。每套系统设置1组辅助阳极地床/柔性阳极，阳极地床采用采用高硅铸铁阳极，每组20支，柔性阳极采用钛基混合金属氧化物(MMO/Ti)线性阳极，与管道同沟敷设。

10.1 调试思路

管线铺设完毕、站场和阀室建完后，着手开始进行阴保系统的安装和调试。安装调试也分3个部分，即服务器的安装与调试、站场和阀室恒电位仪的安装与调试、线路智能桩的安装与调试。

10.2 准备工作

1)检查确认

(1)阴极保护系统(主要包括：恒电位仪、控制台、辅助阳极地床、防爆接线箱、长效饱和Cu/$CuSO_4$参比电极、氧化锌电涌保护器、测试桩及各类电缆等)经检查、验收合格达到相关设计、规范等要求，具备投产运行条件。

(2)阴极保护系统参数采集传输信号(包括：输出电压信号、输出电流信号、保护电流信号和通断电测试信号)进行检查、验收，达到相关设计、规范等要求，阴极保护系统参数采集传输信号已接入站控室系统，并能传至中控室阴极保护智能监测系统进行监控，具备投产条件。

(3)技术资料齐全：①实际施工图；②变更设计的证明文件(如有)；③制造厂提供的说明书、试验记录、产品合格证件、安装图纸等技术文件；④安装技术记录；⑤调试试验记录、保护电位参数等；⑥隐蔽工程记录(电缆敷设、汇流点、阳极装置)；⑦收集整理每处设有阴极保护系统的井站投产前所测试管道的自然电位、辅助阳极接地电阻、辅助阳极区的土壤电阻率、沿线土壤电阻率、覆盖层电阻的数据资料；⑧收集整理从智能测试桩测试的管道保护电位、保护电流的数据资料；⑨仪器说明书、仪器检验合格证、仪器保修卡、仪器事故维修手册、仪器维修备件。

2)工具配备

数字万用表2块、直流电流表1块、便携式饱和硫酸铜参比电极2支、接地电阻测试仪1台、蓄电池(12伏)2个、变阻器1个、测试开关1个、铜芯塑料软线($1\times0.7mm^2$、$1\times1.5mm^2$)各200m、测量用鳄鱼夹8只、金属电极$\phi16\times0.5m$铜电极(或钢电极)4只、榔头2~3磅1只、电工工具1套。

10.3 调试投运步骤

阴极保护系统投产调试由设备仪器供应商人员负责，设计单位、施工单位、监理单位人员参加，业主单位全面配合。

1)系统服务器的安装调试

对服务器操作系统、数据库系统、GIS系统、阴保在线监控专家系统进行调试，由设备仪器供应商人员负责调试操作。

2)恒电位仪的调试

具备条件后，恒电位仪按照图纸要求进行电缆连接，检查电源及接线无误后开机运行，设定恒电位仪的运行参数，核对GPS模块运行情况，恒电位仪正常运行后调试结束。由设备仪器供应商人员负责调试操作。

3)智能桩的调试

(1)阴极保护系统投产时，首先需对管线供电极化72h后，然后利用瞬时断电法，通过智能测试桩，测试管道是否处于$-1.15\sim-0.85V$(相对于饱和$Cu/CuSO_4$参比电极)的有效保护电位状态，如果智能测试桩测试管道没有处于$-1.15\sim-0.85V$(相对于饱和$Cu/CuSO_4$参比电极)的有效保护电位状态，则可采取调试输出电压大小的办法去实现。

(2)阴极保护系统测试过程中的保护参数测试信号，保证其能正常传至中控室阴极保护智能监测系统进行监控。该步是与第(1)步同时进行的投产步骤。

(3)通过距离阴极保护站最远的智能测试桩测试管道末端是否达到$-1.15\sim-0.85V$(相对于饱和$Cu/CuSO_4$参比电极)的有效保护电位状态。

(4)智能传输的数据需要在最远端测试桩进行人工测试校准，观察管道末端测试桩保护电位是否达到$-1.15\sim-0.85V$(相对于饱和$Cu/CuSO_4$参比电极)的有效保护电位状态。

调试投运确认表见表10-1。

表 10-1 阴极保护系统调试记录

序号	确认项目	确认单位	确认结果	确认人
1	阴极保护系统经检查、验收合格，达到相关设计、规范等要求，具备投产运行条件。			
2	阴极保护系统参数采集传输信号达到相关设计、规范等要求			
3	阴极保护系统参数采集传输信号已接入站控室系统，并能传至中控室阴极保护智能监测系统进行监控			
4	技术资料齐全			
5	工用具、备品备件准备齐全			

11　腐蚀监测系统调试

腐蚀监测系统包括井站(含集气总站)的腐蚀检测系统和集输管线上的腐蚀监测系统。站场的腐蚀监测系统包括电阻探针(ER)、线性极化探针(LPR)和腐蚀挂片(CC)3 种监测方式。其中，在线监测的电阻探针和线性极化探针监测数据由数据采集器获取，经过现场接线箱传至站控室机柜间腐蚀监测服务器进行管理，并上传中控室腐蚀监测服务器进行分析；腐蚀挂片数据由人工分析。集输管线上的腐蚀监测系统包括 FSM 电指纹技术和超声波监测技术(UT)，均能对集输管线的腐蚀状态进行在线监测，数据直接传输到中控室进行分析和测定。

腐蚀监测点宜布置在最容易受腐蚀的位置和介质参数容易波动的位置，如：①加热炉进口位置；②多相流计量橇块气相出口；③污水管线出站前；④集气站外输管道出站位置；⑤收球筒旁通位置；⑥阀室附近管道焊缝处。

11.1　调试思路

管线铺设完毕、站场和阀室建完后，着手开始进行腐蚀监测系统的安装和调试。调试包括系统通电前的检查、系统通电试运行、机柜间腐蚀监测服务器的调试、中控室服务器监测界面调试、机柜间腐蚀监测服务器与中控室腐蚀监测服务器之间的通信测试、打印机功能测试。

11.2　准备工作

1)检查确认

(1)按照技术规格书的要求，现场腐蚀挂片、电阻探针、线性极化探针、FSM、UT、数据采集器、接线箱、FIU 接线端口、站控室服务器安装到位。

(2)现场电阻探针、线性极化探针、FSM、UT、数据采集器、接线箱、FIU 接线端口、站控室服务器之间信号线、电源线连接完成。

(3)中控室与站控室服务器腐蚀监测管理系统安装完成。

(4)中控室与站控室之间局域网通信通畅，保证站场数据可以通过局域网上传至中控室服务器。

(5)电力供应正常。

(6)所需技术资料：①实际施工图；②变更设计的证明文件；③制造厂提供的设备使用说明书、试验记录、产品合格证件、安装图纸等技术文件；④安装技术记录。

2)工具配备

(1)腐蚀监测系统安装专用取放工具。

(2)信号发生器、万用表各1套。

(3)电阻探针、线性极化探针备品备件。

(4)内六角扳手1套、接线工具1套。

11.3 调试投运步骤

腐蚀监测系统投产调试由设备仪器供应商人员负责，设计单位、施工单位、监理单位人员参加，业主单位全面配合。

1)系统通电前检查

(1)硬件和软件检查：验证参与本次现场验收测试的硬件和软件与合同及相关补充技术协议的要求是否一致。

(2)电源线检查：分别测试数据传输线、电源线通断情况。

(3)接地情况检查：检查数据采集器、接线箱接地情况。

(4)电源检查：检查站控室及中控室腐蚀监测系统电源正常，确认数据采集器、腐蚀监测服务器、站控室及中控室服务器电源连接正确，上下游数据信号线、电源线连通。

2)系统通电试运行

(1)站内CM系统：①接通站控室腐蚀监测机柜电源，启动服务器，观察机柜间腐蚀监测服务器静态画面是否正常，检查腐蚀监测机柜内设备运行状态；②接通现场各监测点电阻探针、线性极化探针的电源，在服务器上定义各个监测点电阻探针、线性极化探针，设置各个监测点电阻探针、线性极化探针基本参数。

(2)站外FSM、UT系统：①接通中控室服务器及腐蚀监测机柜电源，启动服务器，观察中控室腐蚀监测服务器静态画面是否正常，检查腐蚀监测机柜内设备运行状态；②检查现场各监测点FSM、UT供电是否正常，在服务器上定义各个监测点FSM、UT，设置各个监测点FSM、UT基本参数。

3)腐蚀监测机柜功能调试

调试fieldwatch软件各项功能是否能正常运行。

4)腐蚀监测服务器界面调试

(1)监测点位置、监测系统名称定义正确。

(2)腐蚀监测服务器画面清晰，切换正常。

(3)服务器准确及时收集、上传数据信息。

(4)服务器数据管理分析功能测试。

(5)测量值超出设定范围报警功能测试。

5)数据传输系统测试

(1)检测服务器对探针属性信息的设置功能。

(2)按照位号从各个监测点发送若干组信号，检查站控室机柜间腐蚀监测服务器状态与中控室服务器界面上对应监控点监视画面状态变化，以及接收信号值与发送信号值是否一致。

(3)待腐蚀监测系统服务器调试完成后，调试站控室机柜间与中控室之间的腐蚀监测系统数据传输功能，现场数据信号能够准确上传。

6)打印机测试

检查打印机能否将服务器规定的信息进行打印。

调试投运确认表见表11-1。

表11-1 阴极保护系统调试记录

序号	确认项目	确认单位	确认结果	确认人
1	所有腐蚀监测相关设备安装到位			
2	远传电源线、信号线连接完成，局域网通信畅通			
3	电力供应正常			
4	技术资料齐全			
5	工用具、备品备件准备齐全			

12　控制系统联调

气田控制系统联调关系着整个气田自控系统的正常运行，与气田安全平稳生产息息相关。气田控制系统联调须在工业以太网调试运行正常，各集输场站站控系统，各阀室控制系统调试运行正常的基础上进行，主要分为4个部分：控制中心内部系统调试、控制中心与各场站及阀室信号传输调试、气田一、二级关断联动测试。

12.1　控制中心内部系统调试

高含硫气田控制中心的主要任务是对整个气田进行数据采集及监控，控制中心的操作人员通过系统的人机界面提供的工艺流程的压力、温度、流量、液位、设备运行状态等信息，完成对气田的运行监控和管理。控制中心接收各集输场站的站控系统以及阀室控制系统上传的数据，并向各个站控系统和阀室控制系统发送控制命令。

12.1.1　控制中心内部系统调试应具备的条件

1）调试前需具备的条件

控制中心内部系统调试前，电力系统应调试完毕，具备机柜及电脑上电条件，控制中心监控电脑安装完成，软件安装完成，具备监控界面及数据库调试条件。机柜上电前，对机房及周边环境进行现场勘测和检查，确认机房配套设施、防雷与接地等项目符合要求：

（1）系统机房已按照设计图纸规范要求完成建设，装修完毕，设备布局合理，并验收合格。

（2）机房内各辅助设备已安装完成，如机房专用空调、消防设施、照明设施等。要求机房温度保持在20～25℃、机房湿度为50%～60%。

（3）机房与机柜内部的防雷接地措施经测试合格，满足设计要求。

2）机柜上电前现场条件确认

进行机柜上电前，确定机房内交流电源稳定，满足机柜电力功率需求，UPS供电正常。机柜内相关设备安装完毕且安装正确，接线正确，各回路没有短路现象，方可进行机柜上电工作。其具体检查项目如下：

（1）机房交流电源稳定，电压满足规范要求，能满足设备功率需求。UPS电源须安装调试完毕，输出电压、功率满足要求。电源线接头牢固，连接良好，开关标识正确、清晰。

（2）机柜内接线工整，接线端子紧固牢靠，机柜内线缆布放应符合设计规范要求，绑扎应规范、线缆走向及标识正确、清晰，线缆测试均符合要求。

(3)机柜内设备如控制器、通信模块、各输入输出卡件、电源模块、继电器、浪涌等均已按照设计图纸安装完毕，各回路已按照I/O表完成校线，确认没有错接现象，没有短路现象。

12.1.2 调试流程

(1)确认上电条件满足后，对机柜进行上电：①将市电路的空开合闸，检查机柜控制器及卡件是否正常送电，若未正常上电则进行故障排查；②断开市电，将UPS路空开合闸，检查机柜控制器卡件是否正常送电，若未正常上电则进行故障排查；③将市电与UPS电的空开都合闸，断开市电空开，观测机柜是否存在掉电现象，测试机柜内市电与UPS电是否能正常切换；④确认机柜内市电、UPS电都正常，且能正常切换后，保持机柜上电状态，准备后续调试。

(2)服务器、操作员站与工程师站计算机硬件和软件安装：①按照设计规划图纸将控制中心的总服务器、各个操作员站、工程师站的计算机安装好并摆放在指定位置，检查计算机各个配件如鼠标、键盘、电源线、视频线等是否齐全，并将计算机进行编号并贴上标签；②对控制中心各计算机进行开机检查，检查所有计算机是否能正常开机，系统软件安装是否完整，系统无法正常启动则进行重装系统，软件安装不完整则安装相应软件；③在服务器及各操作员站计算机、工程师计算机内安装系统相关的各类调试软件及应用软件，主要包括控制器配套的编程软件、监控界面组态软件、数据库软件、时钟同步软件等，并保证各项软件安装成功能够正常使用。

(3)控制中心内部网络搭建与调试：①将控制器、服务器、各操作员站、工程师站计算机通过网线连接至机柜间指定交换机，一般为两路网线，分别连接至两个交换机(A网交换机与B网交换机)，形成内部冗余双网(称为A网与B网)，确定各网口均紧固并能正常工作。②与通信专业沟通，按照通信专业给出的IP地址段，规划各个网络终端设备的IP地址，控制器、服务器、操作员站与工程师站的两个网口分别设置对应的A网地址与B网地址，检查各个设备的IP地址均设置正确，确保没有重复、没有冲突。③利用CMD中的ping命令进行内部网络的通信测试，测试各个设备之间是否能ping通，是否存在断网与丢包现象，主要测试从工程师站ping控制器是否能ping通，从操作员站ping服务器是否能ping通。④确认内部网络各设备间通信正常后，从工程师站ping各个集输场站站控系统的控制器IP地址，检测是否能正常通信；利用一台操作员站ping各个集输场站站控系统服务器IP地址，检测是否均能正常通信。若发现由于工业以太网故障不能正常通信的问题，应及时与通信专业沟通，解决问题，最终达到从控制中心能ping通集输场站所有工业以太网内终端设备的要求。

(4)对控制器进行程序下载与冗余测试：①确定控制中心内部工业以太网通信正常后，通过工程师站的配套编程软件将控制中心的程序下载至控制器，检查程序是否能正常在线，是否能读到所有的卡件，是否能检测到控制器的工作状态。②完成控制器程序下载后，对照控制器说明书检查控制器的各个状态灯是否正常亮起，是否存在报警；若存在报警，则根据编程软件中的提示对程序进行修改，直到没有报警。③对控制器进行冗余测试，将主控制器进行断电，观测是否能正常切换到备用控制器工作，控制器必须满足冗余工作的要求，当一个控制器出现故障时，能迅速切换到另一台控制器工作，保障整个系统的正常运行。

(5)回路上电检测与功能测试：①完成控制器程序下载后，能从程序软件中检测到机柜所有卡件的通道状态，对各个回路进行逐一上电，通过软件检测各个通道是否正常，最终需达到所有通道回路正常，卡件通道正常，没有报警。②控制中心的卡件一般为数字量输入卡件与输出卡件，数字量输入通道连接的设备为手操台按钮，数字量输出通道连接的设备为蜂鸣器与状态灯。按下相应按钮后可通过程序软件检测该通道状态是否变化(一般按下按钮后通道状态将由“false”变为“true”)，通过程序软件强制信号至输出，可观测手操台的蜂鸣器是否发出蜂鸣，状态灯是否亮起，以此检测各个输入与输出通道是否都正常。③对各个输入与输出通道回路与相应功能进行逐一测试时，并将测试结果填入测试表格内进行记录。

(6)控制中心数据库数据同步、监控画面同步：①在控制中心服务器中安装完数据库软件后，将各个集输场站服务器数据同步至控制中心服务器，完成各类参数设置，包括数据上传频率参数、数据扫描参数等。②检查控制中心服务器中各站数据是否正常，是否与站场数据库内一致，现场数据变化后，控制中心数据是否随之变化。③将各集输场站及各阀室的监控画面拷贝至控制中心操作员站的各个计算集中，进行统一调试，使控制中心的操作员站监控界面能调出所有场站的监控画面，确认各个画面跳转正常，且与场站监控画面一致。④检查监控画面的数据链接是否正确，是否能正常显示数据，状态限定设置是否正确，是否存在画面错误等问题，并进行统一修改。

12.1.3　控制中心内部系统调试验收标准及记录

上述调试流程完成调试后，各系统参数指标应满足设计规范要求，主要包括控制器工作状态、卡件工作状态、回路工作状态、工作站工作状态等。各设备正常平稳运行至少48h，各项调试记录齐全完整，各类记录表见表12-1～表12-3。

表12-1　机房及机柜问题检查表

<table>
<tr><th rowspan="2">序号</th><th rowspan="2">专业</th><th rowspan="2">提出时间</th><th rowspan="2">问题说明</th><th rowspan="2">整改措施</th><th colspan="3">问题分类(划“√”)</th><th rowspan="2">问题整改单位</th><th colspan="3">消项确认人</th><th rowspan="2">复查消项时间</th><th rowspan="2">图片说明</th></tr>
<tr><th>设计类</th><th>施工类</th><th>未完项</th><th>项目部</th><th>监理</th><th>施工方</th></tr>
<tr><td>1</td><td></td><td></td><td></td><td></td><td></td><td></td><td></td><td></td><td></td><td></td><td></td><td></td><td></td></tr>
<tr><td>2</td><td></td><td></td><td></td><td></td><td></td><td></td><td></td><td></td><td></td><td></td><td></td><td></td><td></td></tr>
<tr><td>3</td><td></td><td></td><td></td><td></td><td></td><td></td><td></td><td></td><td></td><td></td><td></td><td></td><td></td></tr>
</table>

续表

序号	专业	提出时间	问题说明	整改措施	问题分类(划“√”)			问题整改单位	消项确认人			复查消项时间	图片说明
					设计类	施工类	未完项		项目部	监理	施工方		
4													
5													
6													

表 12-2　系统端子紧固、检查确认表

备注	机柜	端子排号	紧固作业人	紧固日期
1				
2				
3				
4				
5				
6				

表 12-3　通道回路及功能测试表

序号	位号	名称	回路是否正常	功能是否正常	测试人	测试时间
1						
2						
3						
4						
5						
6						
7						

注：正常打“√”，否则打“×”。

12.2　控制中心与各场站、阀室的信号传输调试

通过工业以太网，控制中心可接收各集输场站的站控系统以及阀室控制系统上传的监控数据，并能向各个站控系统和阀室控制系统发送控制命令。在控制中心数据上传、数据库同步完成调试后，应对控制中心是否能正常向各集输场站及各阀室发送控制命令进行测试。

12.2.1 进行信号传输调试前应具备的条件

(1)调试前需确认工业以太网已调试完成，控制中心与各集输场站、阀室工业以太网通信正常。

(2)确认控制中心内部系统调试完成，控制器、卡件、服务器、工程师站、操作员站工作正常。

(3)各站、各阀室数据已成功上传至控制中心，服务器数据同步完成。

(4)控制中心同步各站人机监控界面画面正确，数据显示正常，相关阀门及机泵的远程控制面板设置正确。

12.2.2 调试流程

1)阀门的远程调节信号测试

(1)先列出需要进行远程调节信号的阀门，如气田需要进行远程调节信号测试的阀门(主要包括二级节流阀、三级节流阀、LV 阀等)，制作阀门远程调节信号测试表格。

(2)从控制中心逐一对各个场站及阀室需进行远程调节信号测试的阀门发送调节命令，查看命令是否能成功发出，现场是否接收到相应命令，命令发送与接收是否有延时(需在2s内)，查看阀门是否根据调节命令动作。

(3)检查阀门的反馈信号是否能正常传至控制中心，显示阀位状态是否与现场一致。

(4)每进行一个阀门的远程调节信号测试，需根据测试结果填写测试表进行记录。

2)机泵的远程启停信号测试

(1)列出需要进行远程启停信号测试的机泵，制作机泵远程启停信号测试表格。

(2)从控制中心逐一对各个场站及阀室需进行远程启停信号测试的机泵发送启动命令，查看命令是否能成功发出、现场是否接收到相应命令、命令发送与接收是否有延时(需在2s内)，查看机泵是否启动并检查机泵状态回讯是否正常传回控制中心。

(3)机泵成功启动后，再发送停止命令，查看命令是否成功发出、现场是否接收到停止命令、命令发送与接收是否有延时(需在2s内)，查看机泵是否停止并检查机泵状态回讯是否正常传回控制中心。

(4)每进行一个机泵的远程启停信号测试，需根据测试结果填写测试表进行记录。

3)远程关断信号测试

(1)控制中心具备远程关断各井站的功能，需对关断信号是否能从控制中心发送至各场站及阀室，各场站及阀室是否能成功接收关断信号进行测试。测试前首先在关断系统上位机界面中找出去各站及阀室的关断信号，然后列出信号名称或位号，制作测试表格。

(2)从关断系统上位机逐一对各个场站及阀室进行关断命令信号强制(从软件上强制)，查看关断命令是否成功发出、场站及阀室是否接收到关断命令、命令发送与接收是否有延时(需在2s内)，查看场站及阀室接受到关断信号后是否执行关断动作、关断报警信号是否能正常传回控制中心。

(3)关断命令成功发送，场站及阀室接收到命令并成功执行关断动作后，再取消强制的关断信号并强制复位信号，查看场站及阀室关断系统是否能接收到远程复位信号正常复位。

(4)每进行一个场站及阀室的远程关断信号测试，需根据测试结果填写测试表进行记录。

12.2.3 控制中心与各场站、阀室的信号传输调试调试记录

上述调试流程完成调试后，各项远程控制功能均按照设计要求实现，各项调试记录齐全完整，具体表格见表12-4～表12-6。

表12-4 阀门的远程调节信号测试表(站名：)

序号	阀门名称及位号	调节信号是否发送成功	阀门是否接收到信号并动作	测试人	测试时间
1					
2					
3					
4					
5					
6					

表12-5 机泵的远程启停信号测试表(站名：)

序号	机泵名称及位号	启停信号是否成功发出	机泵是否接收到信号并动作	测试人	测试时间
1					
2					
3					
4					
5					
6					
7					
8					

表 12-6 远程关断信号测试表

序号	站名	关断信号是否成功发出	场站/阀室是否接收到关断信号并执行关断	测试人	测试时间
1					
2					
3					
4					
5					
6					
7					
8					

12.3 气田一、二级关断联动测试

一级关断为最高级别的关断，是全气田范围内的紧急关断。集输系统、净化厂及输气首站之间的一级关断和二级关断（自动产生的动作部分）信号采用硬线（三取二）连接，一旦触发这些关断动作，各部分的相关联锁动作自动发生。

为确保气田顺利投产，应联合相关单位对气田集输工程、净化厂工程、输气首站工程进行气田一、二级联锁关断联动测试。

12.3.1 气田一、二级关断联动测试前应具备的条件

1）工艺条件

（1）确保放空切断阀后截止阀关闭。

（2）确保水、电、风的稳定供应，仪表风进阀前压力不能低于0.6MPa。

（3）确定联锁仪表、设备处于正常工作状态。

（4）需要隔离的作业区或者生产工艺区，确定隔离措施到位。

2）通信条件

（1）测试期间通信的主要方式为对讲机，确保通信畅通。

（2）SIS系统的工业以太网工作正常。

3）SIS 系统条件

（1）集输系统 SIS 系统准备就绪，所有测试系统工作正常。

（2）净化厂 SIS 系统准备就绪，所有测试系统工作正常。

（3）输气首站 SIS 系统准备就绪，所有测试系统工作正常。

12.3.2 调试流程

1)进行气田一级关断测试

(1)集输系统触发条件。

①全气田关断按钮。待上中下游测试条件确认以后，由集输系统操作人员按下 ESD - 1 手操台 1 的“全气田关断”HS - 00ESD1 按钮(见图 12-1)，触发全气田一级关断。以上条件产生时，触发集输系统、净化厂、输气首站一级联锁，各小组根据具体联锁动作逐项确认。待确认完成、复位指令下达后，复位仪表、设备等。

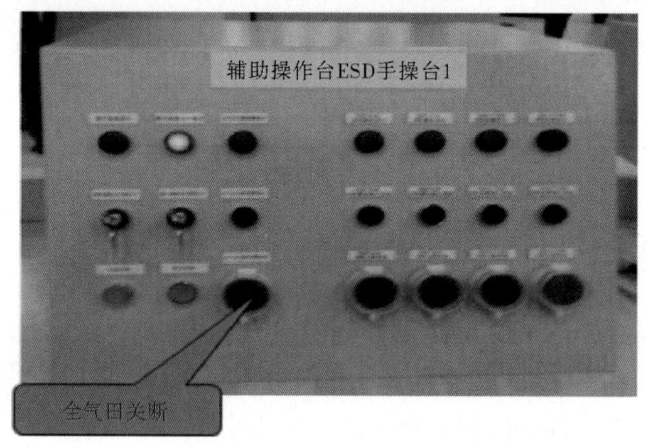

图 12-1 ESD 手操台 1 的“全气田关断”按钮

②集气总站 ESD - 1 保压关断。待上中下游测试条件确认以后，由集输系统操作人员按下总站 ESD 手操台的“ESD - 1 关断”按钮(见图 12-2)，触发全气田一级关断。以上条件产生时，触发集输系统、净化厂、输气首站一级联锁，各小组根据具体联锁动作逐项确认。待确认完成、复位指令下达后，复位仪表、设备等。

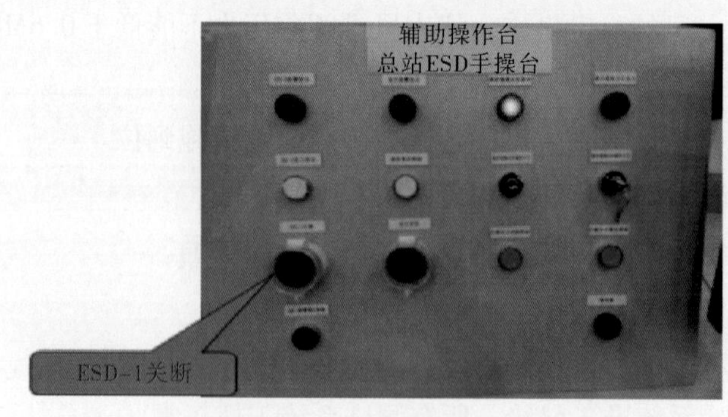

图 12-2 总站 ESD 手操台的“ESD - 1 关断”按钮

③集气总站 ESD - 1 泄压关断。待上中下游测试条件确认以后，由集输系统操作人员按下总站 ESD 手操台的“放空”按钮(见图 12-3)，触发全气田一级关断。以上条件产生时，触发集输系统、净化厂、输气首站一级联锁，各小组根据具体联锁动作逐

项确认。待确认完成、复位指令下达后，复位仪表、设备等。

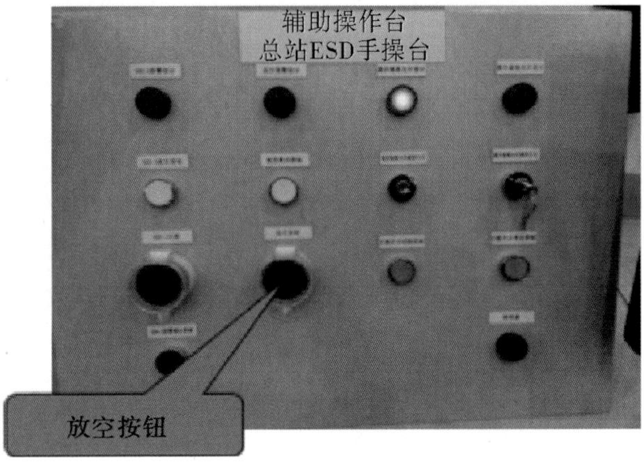

图 12-3 总站 ESD 手操台的“放空”按钮

(2)净化厂触发条件。待上中下游测试条件确认以后，由净化厂操作人员同时按下 301 - SIS - AUX01 手操台的两个“净化厂保压”301 - HS - 00004A/B 按钮(见图 12-4)，触发全气田一级关断。以上条件产生时，触发集输系统、净化厂、输气首站一级联锁，各小组根据具体联锁动作逐项确认。待确认完成、复位指令下达后，复位仪表、设备等。

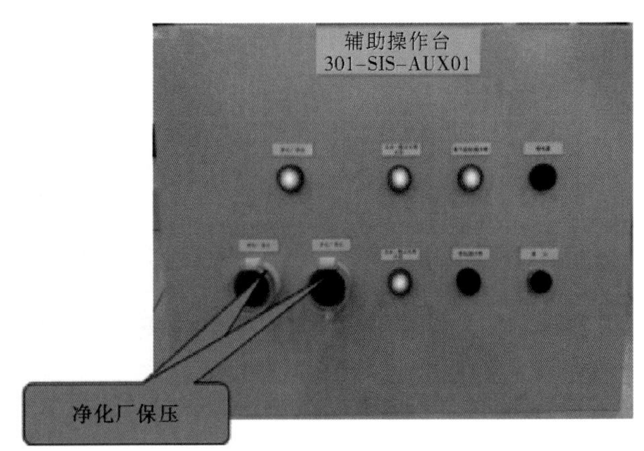

图 12-4 手操台的“净化厂保压”按钮

(3)输气首站触发条件。

①输气首站保压按钮。待上中下游测试条件确认以后，由输气首站操作人员按下输气首站手操台的“首站保压”按钮(见图 12-5)，触发全气田一级关断。以上条件产生时，触发集输系统、净化厂、输气首站一级联锁，各小组根据具体联锁动作逐项确认。待确认完成、复位指令下达后，复位仪表、设备等。

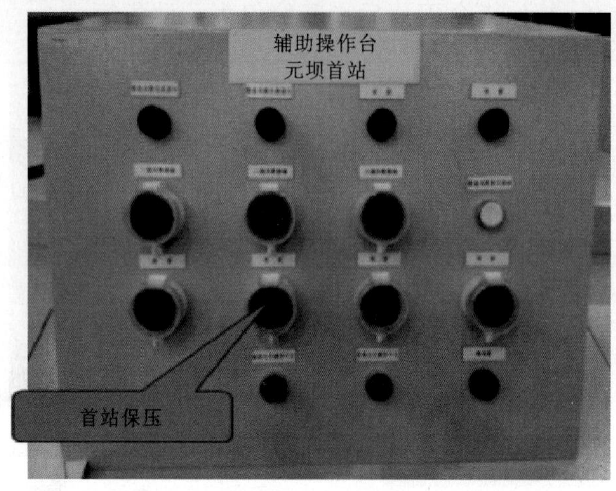

图 12-5　首站手操台的“首站保压”按钮

②输气首站放空按钮。待上中下游测试条件确认以后，由输气首站操作人员按下输气首站手操台的“首站放空”按钮(见图 12-6)，触发全气田一级关断。以上条件产生时，触发集输系统、净化厂、输气首站一级联锁，各小组根据具体联锁动作逐项确认。待确认完成、复位指令下达后，复位仪表、设备等。

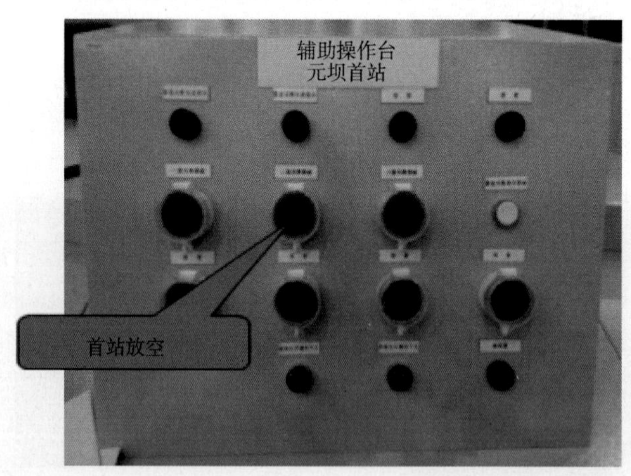

图 12-6　首站手操台的“首站放空”按钮

2)进行二级关断测试

集输、净化厂、输气首站关联的二级关断主要有：①集气总站 ESDV-02201 A/B阀故障关断，上传净化厂报警；②净化厂区域级别关断，自动联锁集气总站 ESDV-02201A/B 阀关断；③输气首站压缩机运行状态，上传净化厂。

(1)集输系统触发条件。

①集气总站 ESDV-02201A 阀故障关断(断电)。待上中下游测试条件确认以后，由集输系统操作人员对集气总站ESDV-02201A 阀 24V 供电断电，ESDV-02201A 阀关闭。以

上条件产生时，信号上传净化厂 SIS 系统手操台报警。待确认完成、复位指令下达后，恢复 ESDV－02201A 阀供电。

②集气总站 ESDV－02201B 阀故障关断(断电)。待上中下游测试条件确认以后，由集输系统操作人员对集气总站 ESDV－02201B 阀 24V 供电断电，ESDV－02201B 阀关闭。以上条件产生时，信号上传净化厂 SIS 系统和手操台报警。待确认完成、复位指令下达后，恢复 ESDV－02201B 阀供电。

(2)净化厂触发条件。

①净化厂一期工程(一、二联合装置)保压关断。待上中下游测试条件确认以后，由净化厂操作人员同时按下 301－SIS－AUX02 手操台的“一期工程保压”301－HS－00005A/B 按钮(见图 12－7)，触发净化厂第一、二联合装置保压关断。以上条件产生时，触发集输系统集气总站 ESDV－02201A 阀关断。各小组根据具体联锁动作逐项确认。待确认完成、复位指令下达后，复位仪表、设备等。

②净化厂一期工程(一、二联合装置)放空关断。待上中下游测试条件确认以后，由净化厂操作人员同时按下 301－SIS－AUX02 手操台的“一期工程 1.0MPa 保压”301－HS－00002A/B 按钮(见图 12－8)，触发净化厂第一、二联合装置 1.0MPa 放空。以上条件产生时，触发集输系统集气总站 ESDV－02201A 阀关断。各小组根据具体联锁动作逐项确认。待确认完成、复位指令下达后，复位仪表、设备等。

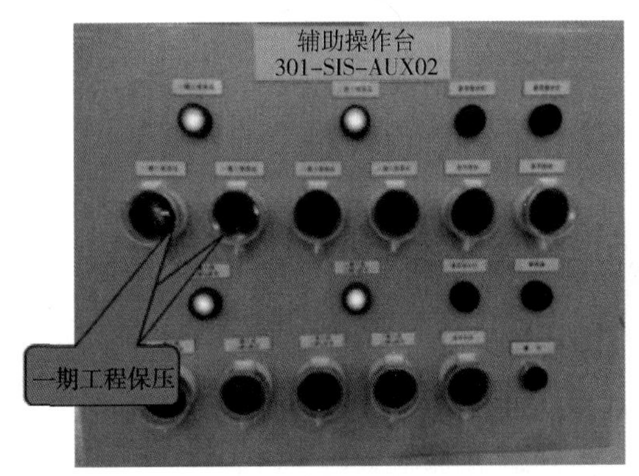

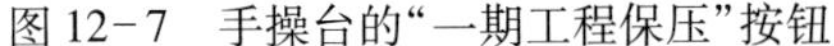
图 12－7　手操台的“一期工程保压”按钮

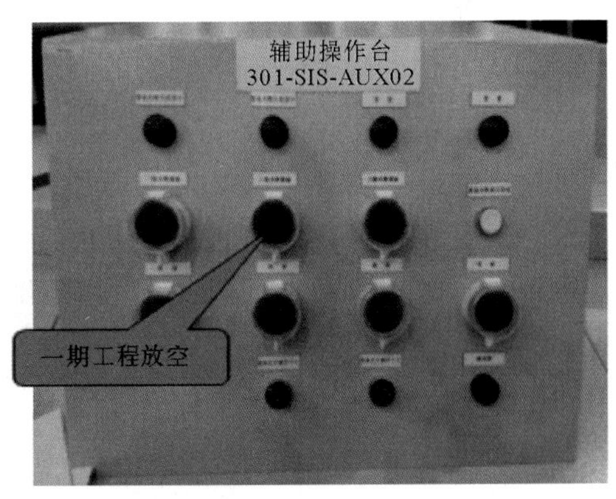

图 12－8　手操台的“一期工程放空”按钮

③净化厂二期工程(三、四联合装置)保压关断。待上中下游测试条件确认以后，由净化厂操作人员同时按下 301－SIS－AUX02 手操台的“二期工程保压”301－HS－00006A/B 按钮(见图 12－9)，触发净化厂第三、四联合装置保压关断。以上条件产生时，触发集输系统集气总站 ESDV－02201B 阀关断。各小组根据具体联锁动作逐项确认。待确认完成、复位指令下达后，复位仪表、设备等。

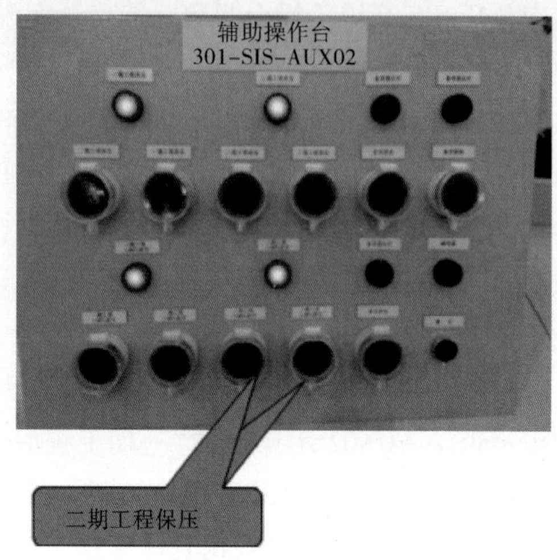

图 12-9　手操台的“二期工程保压”按钮

④净化厂二期工程(三、四联合装置)放空关断。待上中下游测试条件确认以后，由净化厂操作人员同时按下 301-SIS-AUX02 手操台的“二期工程 1.0MPa 放空”301-HS-00003A/B 按钮(见图 12-10)，触发净化厂第三、四联合装置 1.0MPa 放空。以上条件产生时，触发集输系统集气总站 ESDV-02201A 阀关断。各小组根据具体联锁动作逐项确认。待确认完成、复位指令下达后，复位仪表、设备等。

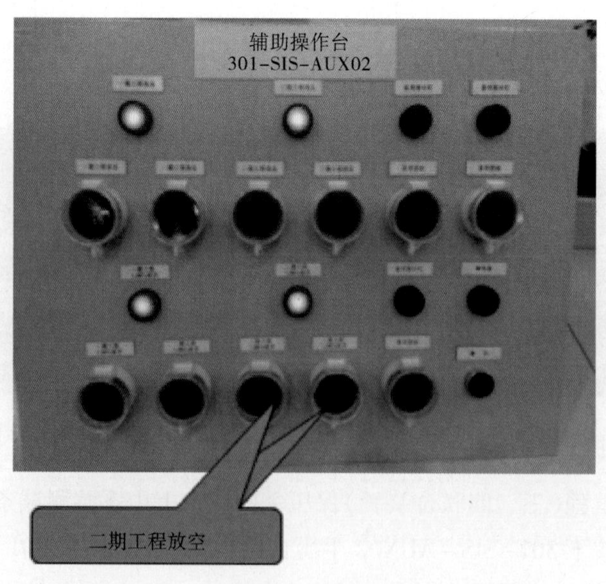

图 12-10　手操台的“二期工程放空”按钮

(3)输气首站触发条件。

输气首站 1#、2#、3#、4#压缩机紧急停机测试，待上中下游测试条件确认后，由输气首站操作人员按下输气首站手操台的“1#停机”“2#停机”“3#停机”“4#停机”按钮

（见图 12-11），触发输气首站 1#压缩机停机、2#压缩机停机、3#压缩机停机、4#压缩机停机。

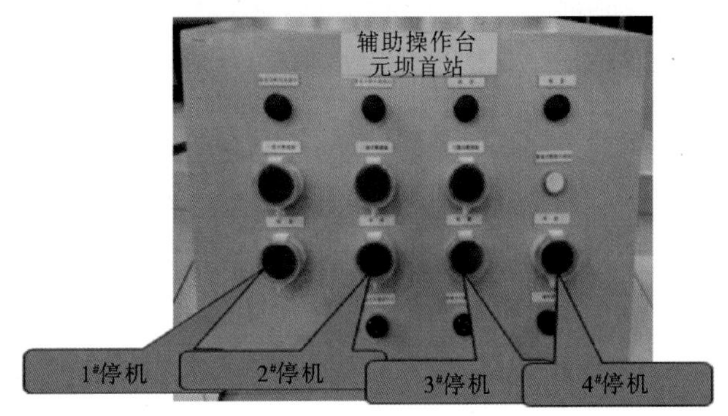

图 12-11 首站手操台的“1#停机”“2#停机”“3#停机”“4#停机”按钮

12.3.3 气田一、二级关断联动测试验收标准及记录

气田一、二级关断联动测试的每一项测试结果均需满足设计要求，触发条件与触发结果必须与设计保持完全一致，对测试过程中发现的问题及时进行整改，直至达到设计要求，测试记录见表 12-7 ~ 表 12-10。

表 12-7 一、二级联锁关断联动测试大表

序号	触发条件	联锁/控制内容	现场联锁情况(√：正常联锁，×：未联锁)	现场确认人	中控确认人	存在问题	处理措施
1							
2							
3							
4							
5							
6							
7							

表 12-8 一、二级关断联动测试井站关断联锁结果确认表

<table>
<tr><th>序号</th><th>触发原因</th><th colspan="2">联锁结果</th><th colspan="2">测试结果</th><th>确认人</th><th>备注</th></tr>
<tr><td rowspan="4">1</td><td rowspan="4">一级关断</td><td rowspan="4">联锁情况</td><td></td><td rowspan="4">是否按要求触发</td><td></td><td rowspan="4"></td><td rowspan="4"></td></tr>
<tr><td></td><td></td></tr>
<tr><td></td><td></td></tr>
<tr><td></td><td></td></tr>
<tr><td rowspan="4">2</td><td rowspan="4">二级关断</td><td rowspan="4">联锁情况</td><td></td><td rowspan="4">是否按要求触发(看信号)</td><td></td><td rowspan="4"></td><td rowspan="4"></td></tr>
<tr><td></td><td></td></tr>
<tr><td></td><td></td></tr>
<tr><td></td><td></td></tr>
</table>

表 12-9　一、二级关断联动测试阀室关断确认表

序号	触发条件	联锁/控制内容	联锁结果（√：正常联锁，×：未联锁）	现场恢复情况（已恢复或未恢复）	现场确认人	存在问题	处理措施
1							
2							
3							

表 12-10　一、二级关断联动测试中控确认表

触发原因	触发结果	中控是否送出相应关断命令信号（√：是，×：否）		联锁情况	联锁结果确认（√：是，×：否）		现场恢复情况（已恢复或未恢复）	中控确认人	发现问题	处理措施
ESD-1级关断（全气田关断）	全气田关断	中控全气田关断按钮			是否按要求联锁					
		总站 ESD3 级关断按钮								
		总站紧急放空按钮								
净化厂保压关断	全气田关断	301-SIS-AUX01 手操台的两个“净化厂保压”301-HS-00004A/B 按钮			是否按要求联锁					
输气首站关断	全气田关断	手操台的“首站保压”按钮			是否按要求联锁					

参考文献

[1]《天然气管道试运投产规范》(SY/T 6233—2002).

[2]《含硫天然气硫化氢与人身安全防护规程》(SY/T 6277—2005).

[3]《含硫天然气管道安全规程》(SY 6457—2000).

[4]《含硫天然气集气站安全生产规程》(SY 6456—2000).

[5]《高含硫化氢集气站安全规程》(SY/T 6779—2010).

[6]《石油天然气管道安全规程》(SY 6186—2007).

[7]《石油天然气安全规程》(AQ 2012—2007).

[8]《含硫天然气的油气生产和天然气处理装置作业的推荐作法》(SY/T 6137—2005).

[9]《石油天然气集输站内工艺管道施工及验收规范》(SY/T 0402—2000).

[10]《自动化仪表工程施工及验收规范》(GB 50093—2002).

[11]《气井开采技术规程》(SY/T 6125—2006).

[12]《气藏试采技术规范》(SY/T 6171—1995).

[13]《信号报警、安全联锁系统设计规定》(HG/T 20511—2000).

[14]《高含硫化氢气田集输场站工程施工技术方案》(SY 4118—2010).

[15]《高酸性气田气井产出液取样技术规范》(Q/SH 1025 0745—2010).

[16]《高酸性气田气井油层套管超压泄压技术规范》(Q/SH 1025 0746—2010).

[17]《高酸性气田含硫化氢天然气取样技术规范》(Q/SH 1025 0747—2010).

[18]《高酸性气田集输工程自动化系统单体调试规范》(Q/SH 1025 0748—2010).

[19]《高酸性气田集输场站腐蚀挂片处理技术规范》(Q/SH 1025 0749—2010).

[20]《火力发电厂化学清洗导则》(DL/T 794—2001).

[21]《电力建设施工及验收技术规范》(火力发电厂化学篇)(DL/ J58).

[22]《火力发电厂水汽化学监督导则》(DL/T 561).

[23]《污水综合排放标准》(DL/T 561).

[24]何波，等．电气控制及 PLC 应用[M]．北京：中国电力出版社，2008.

[25]乐嘉谦，等．仪表工手册[M]．化学工业出版社，2004.

[26]李正吾．新电工手册[M]．安徽科学技术出版社，2009.

[27]江晓林，杨明极．通信原理[M]．哈尔滨工业大学出版社，2010.

[28]《中华人民共和国环境保护法》主席令第 22 号(2014).

[29]《中华人民共和国水土保持法》主席令第 39 号(2010).

[30]《建设项目(工程)劳动安全卫生监察规定》劳动部令第 3 号(1996).

[31]《建设项目环境保护管理条例》国务院令第 253 号(1998).

[32]《中华人民共和国水法》全国人大常委会(2002).

[33]《中华人民共和国消防法》主席令第6号(2009年5月1日起施行).

[34]《油田采出水处理设计规范》(GB 50428—2007).

[35]《碎屑岩油藏注水水质推荐指标及分析方法》(SY/T 5329—2012).

[36]《高含硫气田水处理及回注工程设计规范》(SY/T 6881—2012).

[37]《气田水回注方法》(SY/T 6596—2004).

[38]《油气集输设计规范》(GB 50350—2005).

[39]《连续增强塑料复合管施工规范》(SY/T 6769．4—2012).

[40]《钢质管道焊接及验收》(SY/T 4103—2006).

[41]《石油天然气钢制管道无损检测》(SY 4109—2005).

[42]《地表水环境质量标准》(GB 3838—2002).

[43]《石油和天然气工程设计防火规范》(GB 50183—2004).